わかる有機化学シリーズ 5

有機立体化学

齋藤勝裕・奥山恵美 著

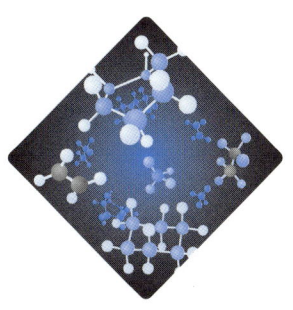

東京化学同人

イラスト 山田好浩

刊行にあたって

　有機化学は膨大な内容と精緻な骨格をもった学問分野であり，その姿は壮大なピラミッドに例えることができる．ピラミッドが無数の石を積み上げてできているように，有機化学もまた数々の知識と理論の積み重ねによってできている．

　『わかる有機化学シリーズ』は，このような有機化学の全貌を「有機構造論」，「有機反応論」，「有機スペクトル解析」，「有機合成化学」，「有機立体化学」の五つの分野について，それぞれまとめたものである．これらはいずれも有機化学の核となる分野であるので，本シリーズをマスターすれば，ピラミッドのように壮大な有機化学における基礎知識がしっかりと身についているはずだ．

　本シリーズの最大の特徴は，簡潔で明確な記述によって，有機化学の本質を的確に解説するように心掛けたことだ．さらに，図とイラストを用いて，"わかりやすく"，そして"楽しく"理解できるように工夫した．

　「学問に王道はない」という．しかし，それは学問の道が「茨の道」である，ということとは違う．茨は抜けばよいし，険しい道はなだらかにすればよい．そして，所々に花壇や噴水でもつくったら，学問の道も「楽しい散歩道」になるはずだ．そのような道を用意するのが，本シリーズの役割と心得ている．

　本シリーズを通じて，多くの読者の方々に，有機化学の面白みや楽しさをわかっていただきたいと願ってやまない．

　最後に，本シリーズの企画にあたり努力を惜しまれなかった東京化学同人の山田豊氏に感謝を捧げる．

2008 年 1 月

齋　藤　勝　裕

まえがき

　本書は「わかる有機化学シリーズ」の一環として，有機分子の立体的な構造とその性質とのかかわりについてまとめたものである．これから有機立体化学を学ぼうとする方々に，是非，手元においていただきたい一冊である．

　私たちの日常と同様に，有機化学の世界も三次元であり，有機分子の大部分は立体的な構造をもつ．このため，有機化学の本質を理解するためには，立体化学の知識が不可欠となる．

　身のまわりには，数え切れないほど多くの種類の有機分子が存在している．この理由の一つとして，原子の結合の順序は同じでも立体的な配置の異なる立体異性体の存在があげられる．本書では，有機立体化学の中心となる立体異性体に関する重要な事項をバランスよく取上げ，この分野の基礎知識がしっかりと身につくようにわかりやすく解説した．

　また，立体化学は単に個々の分子の構造にとどまらず，さまざまな有機反応とも深いかかわりがある．これらの事項についても，最近の進歩である不斉合成などを含めて具体的にふれた．

　さらに本書では，三次元的な有機立体化学の世界に慣れ親しむことができるように，随所に視覚的な工夫も凝らした．

　本書を通じて，一人でも多くの読者の方々に，有機立体化学の面白みを感じていただき，今後のステップとして役立てていただければ幸いである．

　なお，執筆は6, 8章は奥山が，それ以外の章を齋藤が担当した．

　最後に，本書刊行にあたりお世話になった東京化学同人の山田豊氏と，楽しいイラストを添えていただいた山田好浩氏に感謝申し上げる．

2008年9月

齋　藤　勝　裕

目　次

第Ⅰ部　有機立体化学を学ぶまえに

1章　基本的な有機分子の構造 … 3
1. 原子の構造 … 3
2. 有機分子をつくる共有結合 … 6
3. 混成軌道が有機分子の構造を決める … 9
4. メタンとエタンの構造 … 12
5. エチレンの構造 … 14
6. アセチレンの構造 … 16
7. 特殊な結合をもつ有機分子 … 18

2章　異性体の種類と構造異性体 … 23
1. 有機分子の基本的な姿 … 23
2. 異性体にはどのようなものがあるのだろうか … 25
3. おもな構造異性体 … 27
4. 環状分子の構造異性体 … 30
5. その他の構造異性体 … 31

第Ⅱ部　基礎的な立体異性体

3章　立体異性体の基礎 … 37
1. 立体異性体の分類 … 37
2. 基本的な立体配座異性体 … 38
3. 立体配座の相互変換 … 40
4. シス-トランス異性体 … 47

5. 窒素を含む二重結合に関する異性体 ……………………………………… 49
　　　　コラム　ねじれひずみエネルギーの原因 …………………………………… 43
　　　　コラム　立体配座の命名法 …………………………………………………… 47
　　　　コラム　二重結合の回転 ……………………………………………………… 52

4章　環状分子の立体異性　53
　　1. シクロアルカンの構造 …………………………………………………………… 53
　　2. シクロヘキサンの立体配座 ……………………………………………………… 56
　　3. いす形シクロヘキサンの立体的な環境 ………………………………………… 58
　　4. 二置換シクロヘキサンの立体異性 ……………………………………………… 61
　　5. 多環状分子の立体異性 …………………………………………………………… 62
　　6. 架橋された環状分子の立体異性 ………………………………………………… 64

5章　立体配置異性体──エナンチオマー　67
　　1. エナンチオマーってどんなもの ………………………………………………… 67
　　2. エナンチオマーの光学的性質 …………………………………………………… 70
　　3. ラセミ体 …………………………………………………………………………… 73
　　4. エナンチオマーの生理作用 ……………………………………………………… 74
　　5. エナンチオマーの分離 …………………………………………………………… 76
　　　　コラム　エナンチオマーにおける生理作用の違い ………………………… 76

第Ⅲ部　複雑な立体異性

6章　立体異性の表示法　83
　　1. 相対配置と絶対配置 ……………………………………………………………… 83
　　2. 絶対配置の表示法 ………………………………………………………………… 87
　　3. シス・トランスで区別できない場合の表示法 ………………………………… 92
　　　　コラム　D/L 表示 …………………………………………………………… 87

7章　キラル中心をもたないエナンチオマー　95
　　1. 分子の対称性とキラル …………………………………………………………… 95
　　2. キラル軸をもつエナンチオマー ………………………………………………… 98
　　3. キラル面をもつエナンチオマー ………………………………………………… 100
　　4. らせん構造などをもつエナンチオマー ………………………………………… 101

5．炭素原子以外のキラル中心をもつエナンチオマー ……………………………… 103
　　　コラム　アミンのキラリティー …………………………………… 104

8章　複数のキラル中心による立体異性 …………………………………… 105
　1．ジアステレオマー ……………………………………………………………… 105
　2．メソ化合物 ……………………………………………………………………… 106
　3．エリトロ/トレオ表示法 ………………………………………………………… 107
　4．ORDスペクトルとコットン効果 ……………………………………………… 110
　5．コットン効果による立体構造の推定 …………………………………………… 112
　　　コラム　エナンチオマーとジアステレオマーの関係 ………………………… 109

第Ⅳ部　有機反応と立体化学

9章　立体選択的反応 …………………………………………………………… 117
　1．シス・トランス付加 …………………………………………………………… 117
　2．S_N1反応とS_N2反応 ………………………………………………………… 120
　3．付加環化反応 …………………………………………………………………… 123
　4．カルベンの付加反応 …………………………………………………………… 126
　5．脱離反応の立体化学 …………………………………………………………… 129
　　　コラム　ディールス-アルダー反応の物理化学的考察 ……………………… 126

10章　不斉合成 …………………………………………………………………… 133
　1．キラルプールの利用 …………………………………………………………… 133
　2．キラル補助剤の利用 …………………………………………………………… 135
　3．キラル触媒の利用 ……………………………………………………………… 137
　4．キラル試薬の利用 ……………………………………………………………… 140
　　　コラム　触媒的不斉合成 ………………………………………………… 141

索　引 ………………………………………………………………………………… 144

I

有機立体化学を学ぶまえに

基本的な有機分子の構造

有機立体化学（stereochemistry of organic compounds）は有機分子の立体的な構造と，それに基づいて現れる性質との関連について知る分野である．有機分子はおもに炭素と炭素，および炭素と水素の結合からなる化合物であり，その立体的な構造は炭素原子どうしの結合の仕方によってもたらされる．このような結合によってつくられる有機分子の多くは三次元構造をもっている．

ここでは，まず炭素原子どうしの結合の仕方についてふれたあとで，有機立体化学を理解するうえで重要となる，基本的な有機分子の構造について見てみることにする．

私たちの日常と同様に，有機化学の世界も三次元である．そして，有機分子の立体的な構造はその性質や反応性にさまざまな影響を与える．

1. 原子の構造

いくつかの例外を除いて，すべての物質は分子からできており，すべての分子は原子からできている．有機分子も同様であるが，構成する原子の種類は少なく，炭素原子Cと水素原子Hが主となる．

原子を構成するもの

原子は雲でできた球のようなものである．雲のように見えるのは電子雲であり，マイナスの電荷をもった電子からできている．電子雲を構成する電子の個数は原子番号に等しく，原子の種類によって異なっている．

電子雲の中心には，原子核が存在する．原子核は非常に小さいが，原子

の重さの約 99.9 % を占める．原子核はプラスに荷電しているが，その電荷の絶対量は電子雲に等しいので，原子は全体として電気的に中性である．

電 子 殻

原子に属する電子は**電子殻**（electoron shell）に入っている（図 1・1a）．電子殻は原子核のまわりに球殻状に存在し，原子核に近いものから順に K 殻，L 殻，M 殻などとアルファベット順の名前がついている．各電子殻に入ることのできる電子の個数（定員）は決まっており，K 殻（2 個），L 殻（8 個），M 殻（18 個）などとなっている．各電子殻に入っている電子は，その電子殻のエネルギーをもち，その大きさは図 1・1（b）に示した順で高くなっている．

軌 道

電子殻を詳しく見てみると，さらにいくつかの**軌道**（orbital）に分かれている．軌道には s 軌道，p 軌道，d 軌道などがある（図 1・1b）．K 殻は一つの s 軌道（K 殻の s 軌道を 1s 軌道という）からできている．L 殻は一つの s 軌道（L 殻の s 軌道を 2s 軌道という）と三つの p 軌道（2p 軌道；p_x，p_y，p_z）からできている．そして，M 殻は一つの 3s 軌道，三つの 3p 軌道，五つの 3d 軌道からできている．

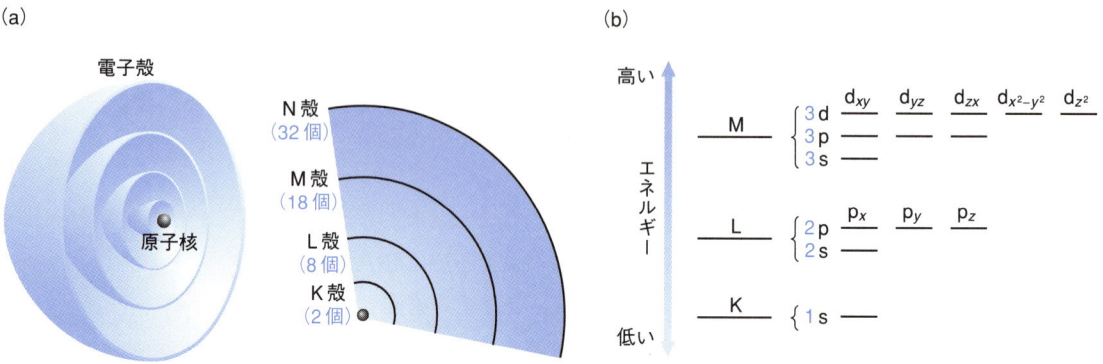

図 1・1　電子殻の構造（a）および電子殻と軌道のエネルギーの関係（b）

電子殻と同様に軌道にはエネルギーがあり，その大きさは図1・1(b)に示した順で高くなっている．

軌道の形

これらの軌道はそれぞれ特有の形をしている（図1・2）．s軌道は，団子のように丸い球状の軌道である．p軌道は，2個の団子を串に刺したような形である．三つのp軌道は方向が異なり，p_x軌道は串の方向がx軸，p_y軌道はy軸，p_zはz軸方向となっている．

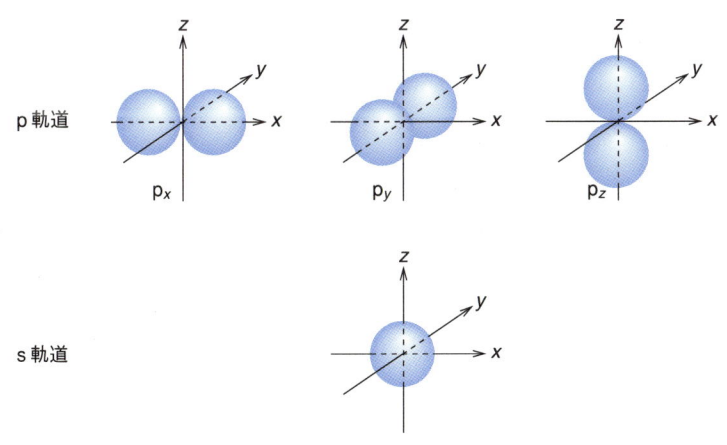

図1・2 s軌道とp軌道の形

電子配置

電子が軌道に入るときには，以下の約束がある．
① 一つの軌道には2個以上の電子が入ることはできない．
② 電子はエネルギーの低い軌道から順に入る．
③ 一つの軌道に2個の電子が入るときには，互いにスピン（自転）の方向を逆にする．

これらの約束に従って，電子が軌道にどのように入っているのかを示したものを**電子配置**（electron configuration）という．有機分子に関係したいくつかの原子の電子配置を図1・3に示した．有機分子を構成する中心となる原子である炭素は，電子が1s軌道に2個，2s軌道に2個と，三つ

一般に，スピンの方向は矢印の向きで表す．矢印の向きは，スピンの右回りが矢印の下向きに対応するということではなく，区別するためだけのものである．

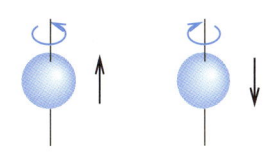

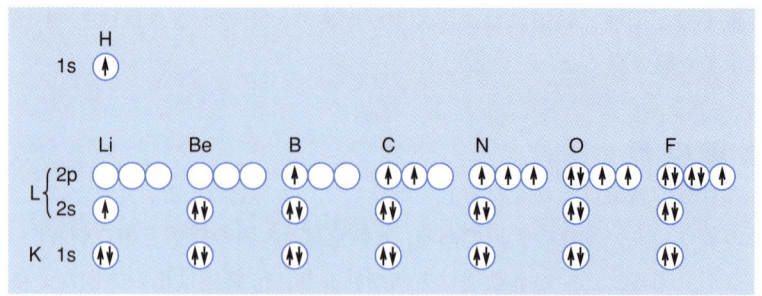

図 1・3　有機分子に関係したいくつかの原子の電子配置

の 2p 軌道のうちの二つに 1 個ずつ入り，残る一つの 2p 軌道は空になっている．このように，一つの軌道に 1 個しか入っていない電子を**不対電子**（unpaired electron）といい，不対電子は結合の形成に関与する．一方，最も外側の電子殻に存在し，結合の形成に関与せず，2 個ずつ対になっている電子を**非共有電子対**（unshared electron pair）という．

2. 有機分子をつくる共有結合

有機分子の構造を理解するには，結合についての知識が不可欠となる．

　分子を構成する原子は互いに結合している．結合にはいくつかの種類があり，それぞれその性質と強さが異なっている．分子はこれらの結合によって構成された原子の集団である．

結合の種類

　おもな結合の種類と，それらの結合によってできる物質の例を表 1・1 に示した．結合には，原子どうしを結びつけて分子にするものと，分子どうしの間に働いて，分子の集団をつくる分子間力がある．ここでは，有機立体化学を考えるうえで重要となる原子間の結合について見てみよう．

イオン結合

　イオン結合（ionic bond）はプラスのイオン（電荷）とマイナスのイオン（電荷）の間に働く静電引力（クーロン力）によってもたらされる（図 1・4）．イオン結合からなる身近な物質の例として，Na^+ イオンと Cl^- イ

表1・1 結合の種類とその物質例

分類	結合名			例
原子間	金属結合			Fe, Au, Ag
	イオン結合			NaCl, CH$_3$COONa
	共有結合	σ結合	単結合	H–H, H$_3$C–CH$_3$
		σ結合＋π結合	二重結合	O=O, H$_2$C=CH$_2$
			三重結合	N≡N, HC≡CH
分子間	水素結合			H$_2$O⋯H$_2$O, 酢酸
	ファン デル ワールス力			He⋯He, ベンゼン

オンが結合してできた塩化ナトリウム（食塩）NaCl などがあげられる．有機分子における例としては，酢酸イオン CH$_3$COO$^-$ とナトリウムイオン Na$^+$ がイオン結合してできた酢酸ナトリウム CH$_3$COONa などがある．

　静電引力の大きさは二つの電荷の間の距離のみに関係する．すなわち，図1・4 に示したようにマイナスの電荷のまわりにプラスの電荷が何個存在しても，距離が同じであればすべて同じ大きさの引力が働く（不飽和性）．また，引力の大きさは方向には関係しない（無方向性）．

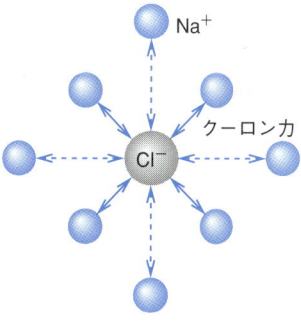

図1・4 静電引力（クーロン力）

共 有 結 合

　"共有結合"は有機分子の基本骨格を構成する重要な結合である．非常に多くの種類の有機分子が存在するのは，共有結合によって炭素原子どうしがさまざまな形で結合するためである．

共有結合の形成

　共有結合の典型的な例として，水素分子の結合を取上げる．図1・5（a）には，2個の水素原子から1個の水素分子ができる過程を示した．水素原子の軌道（1s軌道）が互いに重なり，最終的に2個の水素原子殻のまわりを取囲む大きな**分子軌道**（molecular orbital）になる．

　各水素原子に1個ずつ存在した合計2個の電子は，この新しい軌道に入り，2個の水素原子核に属することになる．これは，各水素原子核がお互

分子軌道のできる様子は，2個の小さなシャボン玉が結合して1個の大きなシャボン玉になる様子を想像すればわかりやすい．

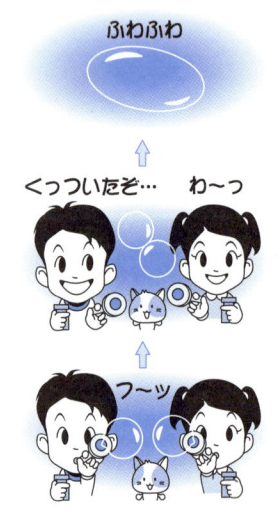

いの電子を共有しているように見えるので，このようにしてできた結合を**共有結合**（covalent bond）という．

ここで，2個の原子核によって共有されることになった電子を結合電子という（図1・5b）．結合電子は結合する2個の原子核の中間領域に存在することが多い．そのため，プラスに荷電した各原子核と，マイナスに荷電した電子との間には静電引力が働くことになる．これが共有結合の結合力の本質である．

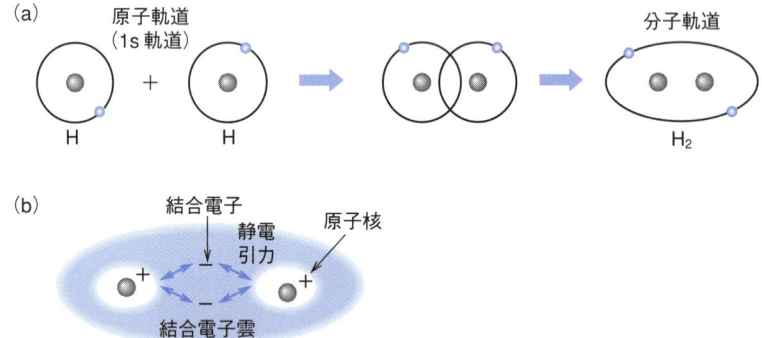

図1・5　共有結合．(a) 水素分子のできる過程，(b) 結合力（静電引力）

共有結合の種類

このようにしてできる共有結合には，いくつかの種類がある（表1・1参照）．まず，σ（シグマ）結合とπ（パイ）結合があり，σ結合によって単結合が，σ結合とπ結合が組合わさって二重結合，三重結合，共役二重結合などが形成される．単結合を飽和結合ともいい，二重結合，三重結合を不飽和結合ともいう．

共有結合の特徴は，結合力が特定の方向にのみ働くこと（方向性）と，結合できる相手の個数が決まっていること（飽和性）である．

分子の構造と結合

分子の構造（形）を決める要素として，**結合長**（bond length）と**結合角**（bond angle）がある．たとえば，3個の原子からできている水分子

> **ポイント！**
> 有機分子を構成する最も重要な結合は共有結合であるので，その特徴をよく理解しておこう．
>
> それぞれの結合については，次節でふれる．

H₂O は 2 本の O−H 結合からなり，O−H 結合長 0.096 nm，H−O−H 結合角 104.5°という二つの値によって，その構造が決められている．結合長は結合の種類（分子を構成する原子の種類など）によって，ほぼ一定の値をとる（図 1・6）．

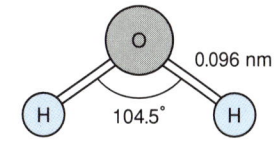

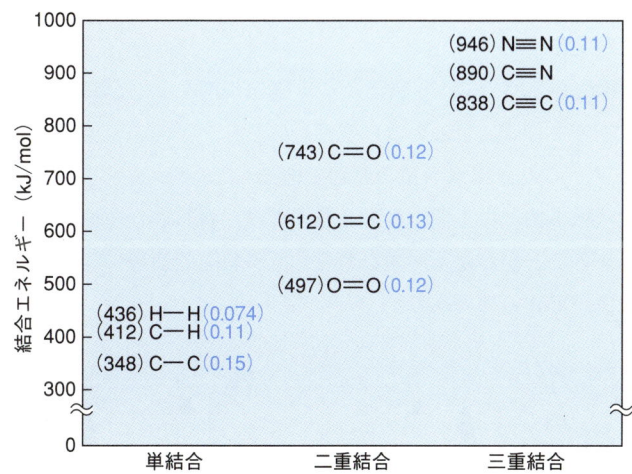

図 1・6　**おもな共有結合の結合エネルギーと結合長**．左側の（　）内の数字が結合エネルギー，右側の（　）内の数字が結合長，単位は nm（10^{-9}/m）．

有機分子を構成する炭素-炭素結合の結合長は，単結合（C−C）＞二重結合（C＝C）＞三重結合（C≡C）の順に短くなっている．また，それらの炭素-炭素結合における結合角は，次節で見るように炭素原子の軌道混成の仕方によって決められる．

これらの結合の強さは**結合エネルギー**（bond energy）で表される（図 1・6）．一般に共有結合では，単結合＜二重結合＜三重結合の順で強くなる．

結合エネルギーは結合を切断して，原子を無限遠に引き離すのに必要なエネルギーである．

3．混成軌道が有機分子の構造を決める

有機分子の結合の大きな特徴は，炭素が混成軌道を使っていることであ

る．**混成軌道**（hybrid orbital）とは，原子が本来もっている軌道を再編成してできた新しい軌道のことである．

軌道混成

2s軌道と2p軌道の混成を考えてみよう．これはハンバーグ（焼くまえの生の状態）を混ぜあわせて，新しいハンバーグをつくることに例えてみるとよくわかる．

1個の豚肉ハンバーグ（s軌道）と1個の牛肉ハンバーグ（p軌道）を混ぜて二等分すれば，新しい合い挽肉ハンバーグ（混成軌道）が2個できる（図1・7）．これが混成軌道の原理である．この例から，原料ハンバーグの個数（豚1個と牛1個，合計2個）だけ，新しい合い挽肉ハンバーグができていることがわかる．すなわち，原料軌道の個数に等しい個数だけの混成軌道ができるのである．

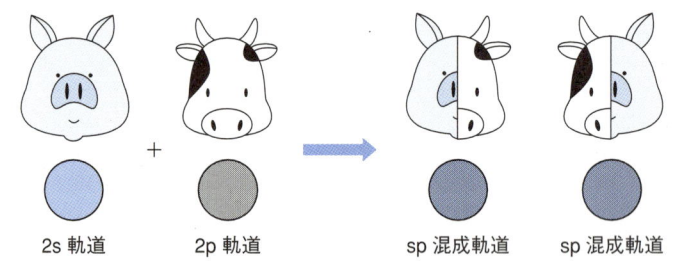

図1・7 混成軌道の原理

pの右肩の数字は，混成に用いたp軌道の個数を表す．

この混成軌道は一つのs軌道と一つのp軌道からできているので，**sp混成軌道**という．また，一つのs軌道と二つのp軌道ならば，**sp^{2}混成軌道**となり，一つのs軌道と三つのp軌道ならば，**sp^{3}混成軌道**となる．

混成軌道の形

混成軌道の形は野球のバットのように一方向に大きく張り出している（図1・8a）．このため結合を形成するときに，軌道の重なりをつくるのに有利であり，その結合は強固なものとなる．

二つのsp混成軌道は互いに反対側を向くため，軌道間の角度は180°

になっている（図1・8b）．三つのsp²混成軌道は120°（図1・12参照），四つのsp³混成軌道は109.5°（図1・10参照）であり，混成軌道の種類によって結合の角度が決まっている．

このような軌道間の角度の固定が，有機分子の構造を決定し，立体化学に大きな影響を与えることになる．

ポイント！

有機分子のさまざまな構造は炭素の混成軌道によって生み出される．sp³混成軌道：四面体形，sp²混成軌道：平面三角形，sp混成軌道：直線形．

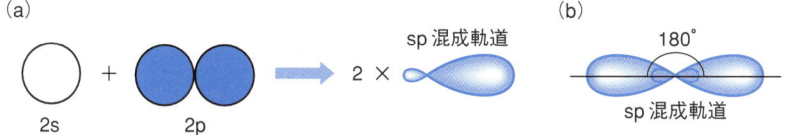

図1・8 sp混成軌道の形成（a）および軌道間の角度（b）

混成軌道のエネルギー

豚肉のハンバーグ（s軌道）の値段を1個100円，牛肉のハンバーグ（p軌道）を1個500円としたら，合い挽き肉ハンバーグ（sp混成軌道）1個の値段は，両者の平均の1個300円となる（図1・9）．また，豚1, 牛3の割合からなる合い挽き肉ハンバーグ（sp³混成軌道）は，それぞれの重みつき平均（加重平均）の400円となる．

この値段は混成軌道のエネルギーを表す．すなわち，混成軌道のエネルギーは，原料軌道のエネルギーの重みつき平均で表されるのである．したがって，s軌道＜sp混成軌道＜sp²混成軌道＜sp³混成軌道＜p軌道と，p軌道の割合が多くなるにつれてエネルギーが高くなる．

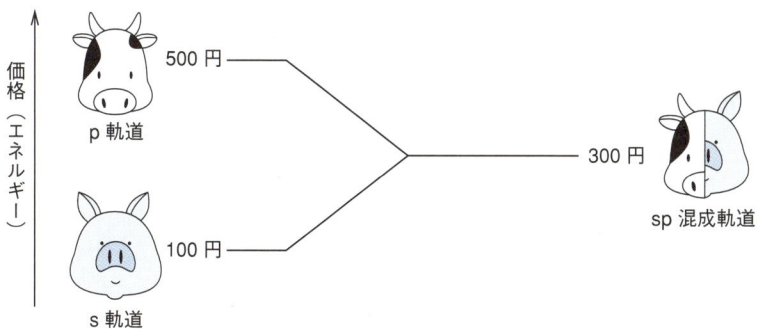

図1・9 混成軌道のエネルギー

4. メタンとエタンの構造

ポイント！

以下に登場する有機分子の構造は立体化学の基礎になるので覚えておこう．

　有機分子のうち，炭素原子と水素原子だけからなるものを特に炭化水素といい，単結合（飽和結合）のみで形成された炭化水素を特に飽和炭化水素という．ここでは最も簡単な飽和炭化水素であるメタン CH_4 および，炭素が1個増えたエタン C_2H_6 の構造について見てみよう．これらはすべての有機分子の基本となるものである．

メタンの炭素原子

　メタン（methane）を構成する炭素原子の混成状態は sp^3 混成である．

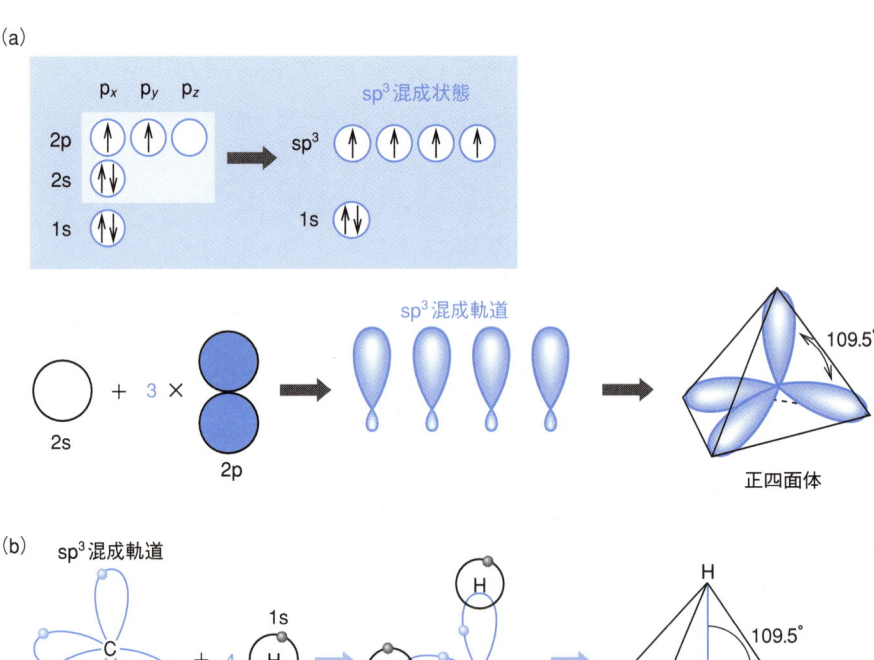

図1・10　sp^3 混成軌道の形成（a）およびメタンの構造（b）

sp³混成では，図1・10 (a) に示したように，一つの2s軌道と三つの2p軌道が混成し，四つのsp³混成軌道ができる．四つの混成軌道はすべて同じ形をし，それぞれの軌道に入る電子どうしの反発が最小になるように，互いに109.5°の角度で交わっている．

メタンの構造

メタンCH_4を構成する4個の水素原子は，炭素原子の四つのsp³混成軌道のそれぞれと1s軌道を重ねる．その結果，炭素と水素の間に共有結合が形成されることになる．このようにしてできたメタンの4本のC-H共有結合は，炭素を中心として正四面体の隅の方向を向き，H-C-H結合角は109.5°となる．その結果，メタンの4個の水素原子を結ぶと四つの正三角形から構成される正四面体ができあがる（図1・10b）．このため，メタンの構造（形）は"正四面体"であるという．

エタンの炭素原子

メタンから水素原子1個を取去ったもの（分子種）をメチルラジカルという（図1・11a）．メチルラジカルの炭素は結合していないsp³混成軌道を一つもち，そこには電子が1個入っている．したがって，メチルラジカルどうしが結合できることになる．このようにしてできた分子がエタン

この結合角は海岸においてある波消しブロック，テトラポッドの脚の角度と同じである．

メタンの4個の水素を塩素に置き換えた四塩化炭素CCl_4も正四面体であるが，すべて異なる原子で置き換えられた$CBrClFH$ではすべての結合の長さが異なり，その形はひずんだ四面体となる．

ラジカルは不対電子をもつものの総称であり，不安定な物質で，他の分子と容易に反応する．

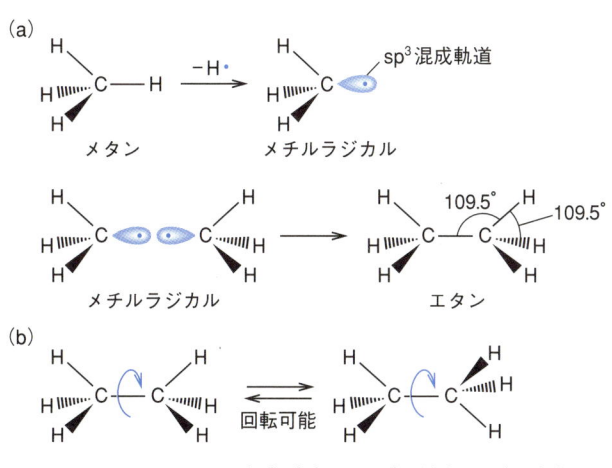

図1・11　エタンの生成 (a) およびσ結合の回転 (b)

正確にいえば，H–C–H 結合角は約 108°，H–C–C 結合角は約 111°と，両者の間には若干の違いがある．

(ethane) である．

エタン（C_2H_6，CH_3-CH_3）を構成する炭素は sp^3 混成であり，エタンはすべての結合を sp^3 混成軌道を使っているので，すべての結合角は基本的にメタンの結合角とほぼ同じ 109.5°である（図 1・11a）．

σ 結合

エタンの C–C 結合の結合電子雲は，結合軸に沿って紡錘形になって存在する．そのため，エタンの片方（図の左側）の炭素を固定して，もう片方（図の右側）の炭素を回転させても，結合電子雲には何の変化も生じない．これは，エタンの C–C 結合は回転できることを意味する（図 1・11b）．

単結合は回転可能である．
ただし，完全に自由に回転できるわけではない．このことについては 3 章でふれる．

このように回転できる結合を **σ（シグマ）結合**という．このように**単結合**（single bond）は σ 結合からできている．先に見た H–H 結合や，メタン，エタンの C–H 結合も σ 結合である．

5．エチレンの構造

エテンの慣用名として，エチレンが用いられてきた．しかしながら現在，エチレンは不飽和炭化水素名ではなく，炭化水素基 $-CH_2CH_2-$ の名称としてのみ使うことになっている．しかし本書では，親しみのあるエチレンという名称を引き続き使うことにする．

エチレン（ethylene）（**エテン**，ethene）C_2H_4 は二重結合を含む炭化水素である．分子中に不飽和結合である二重結合や三重結合を含む炭化水素を不飽和炭化水素といい，これらのなかでエチレンは最も簡単な分子である．

エチレンの炭素原子

エチレンを構成する炭素原子は sp^2 混成状態である（図 1・12a）．sp^2 混成は一つの 2s 軌道と二つの 2p 軌道（p_x，p_y 軌道）からできた混成軌道であり，全部で三つある．2p 軌道は p_x，p_y，p_z の三つがあるので，図に示したように p_z 軌道は混成に加わらず，元の状態のままである．

この p_z 軌道は後述する二重結合の形成において，非常に重要な働きをすることになる．

三つの sp^2 混成軌道は，同一平面上（xy 平面）に，互いに約 120°の角度を保って存在する．そのため，エチレンの構成原子は同一平面上にあることになる．また，混成に参加しなかった p_z 軌道は，この xy 平面を垂直に突き刺すように存在する．

正確にいうと，H–C–H 結合角は約 117°，H–C=C 結合角は約 122°と若干異なる．

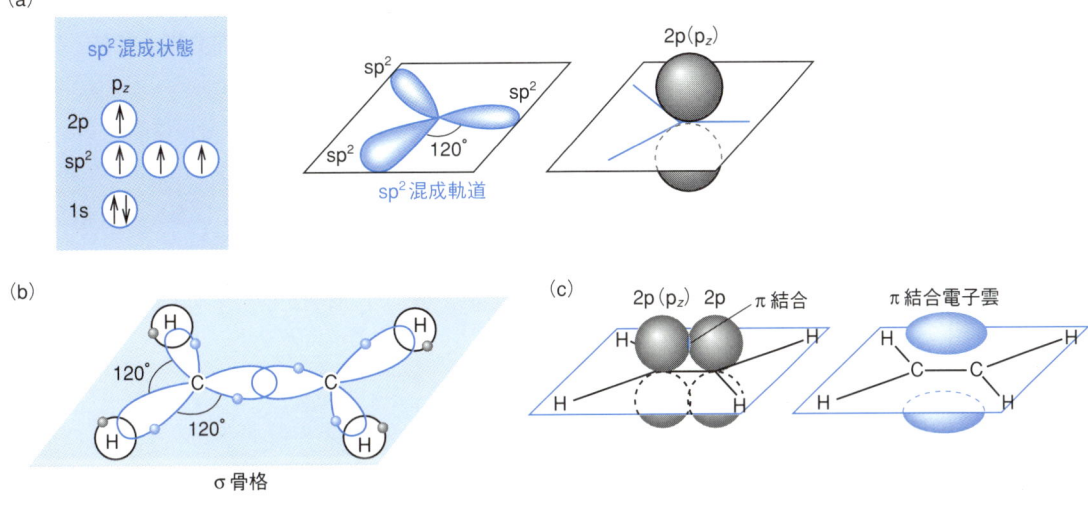

図 1・12 **sp² 混成軌道**. (a) sp² 混成軌道の形, (b) エチレンの結合状態, (c) π 結合

エチレンの σ 結合

図 1・12(b) は, エチレンを構成する 6 個の原子の結合状態を表したものである. 平面上にのった 2 個の炭素は互いに一つずつの混成軌道で C-C 間の共有結合を形成し, 残った混成軌道で 4 個の水素と C-H 共有結合をする. これらの結合はすべて, 結合の回転ができる σ 結合である.

σ 結合は結合エネルギーの大きい結合で分子の骨格をつくる結合である.

そのため, 分子を構成する結合のうち, σ 結合の部分だけを取出したものを特に σ 骨格ということがある.

π 結合

図 1・12(c) は, 混成に参加しなかった p_z 軌道を強調したものである. 見やすくするため, σ 結合は直線で表してある.

二つの p_z 軌道は平行のまま, 互いに接している. これは皿に置いた 2 本の串団子が転がって, 互いに横腹を接してくっついたとみることができる. これは, 二つの p 軌道の間に結合が形成されたことを意味する. このような結合を **π (パイ) 結合** という. π 結合では, 軌道の重なり方が, σ 結合に比べて小さい. その結果, π 結合は σ 結合より弱い結合となる.

上の結合電子雲だけで半分，下の結合電子雲だけで半分，あわせて一つというようなものではない．

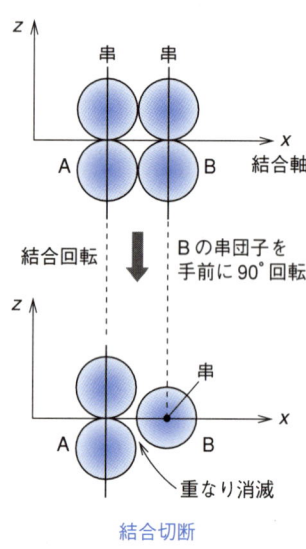

図 1・13　π結合の切断

単結合と異なり，二重結合は回転できない．

ただし，二重結合はいつも固定されているわけではなく，現在では二重結合のまわりに速い回転を起こす分子もいくつか見つかっている（3章のコラム参照）．

π結合の結合電子雲はp軌道の重なった位置に，すなわち分子平面の上と下に分かれて存在する．π結合は，この上下の結合電子雲がそろってはじめて結合となる．

エチレンのC−C結合を回転させると，p軌道の接着面は離れてしまう．これは，π結合が切断されたことを意味する（図 1・13）．このように，π結合は回転することができない．これはσ結合にはない，π結合の大きな特徴である．

この結果，エチレンは6個のすべての原子が同一平面上にのった"平面形"となる．

二重結合

これまでに見たように，エチレンの炭素原子どうしはσ結合とπ結合とで，二重に結合されていることになる．このような結合を**二重結合**（double bond）という．すべての二重結合はσ結合とπ結合からなる．σ結合だけの二重結合とか，π結合だけの二重結合は存在しない．二重結合を構成するπ結合は回転することができない．このため，二重結合も回転することができないことになる．

6. アセチレンの構造

アセチレン（acetylene）（エチン，ethyne）C_2H_2 は三重結合を含む最も簡単な不飽和炭化水素である．

アセチレンの炭素原子

アセチレンの炭素はsp混成である（図 1・14a）．sp混成軌道は一つの2s軌道と一つの2p軌道（p_x軌道）からできたものである．したがって，アセチレンの炭素は混成に参加しなかった二つのp軌道（p_y，p_z軌道）をもっている．二つのsp混成軌道は互いに180°の角度を保って存在する．

二つの混成軌道をx軸上に置くと，混成に参加しなかった二つのp軌道はy軸（p_y軌道），z軸（p_z軌道）上に存在することになるので，これらの軌道は互いに直角に交わる（直交する）ことになる．

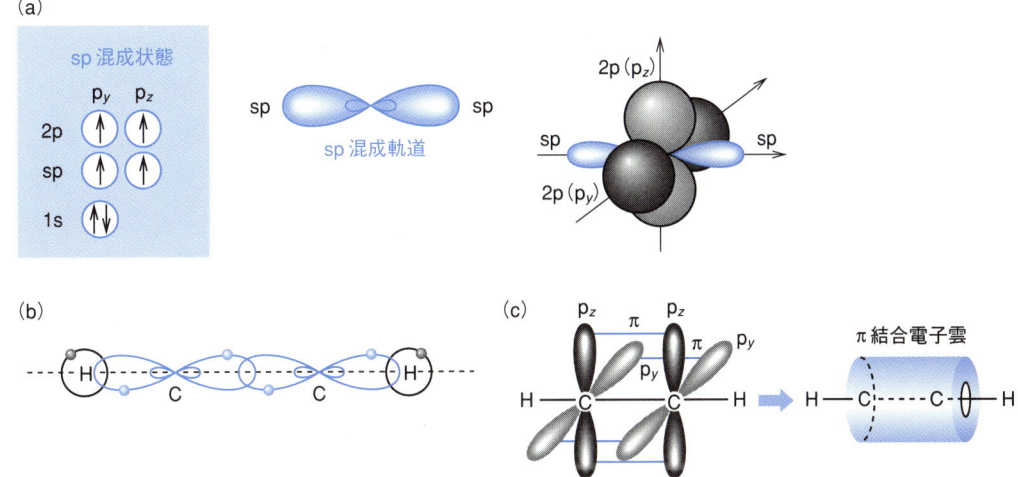

図 1・14 **sp 混成軌道**. (a) sp 混成軌道の形, (b) アセチレンの σ 骨格, (c) π 結合電子雲

三 重 結 合

図 1・14 (b) は, アセチレンの σ 骨格の構成を表したものである. 2 個の sp 混成炭素と 2 個の水素が直線的に並んで σ 結合を形成する. したがって, アセチレンは四つの原子が同一直線上に並んだ "直線形" 分子である.

図 1・14 (c) は, 炭素上の p 軌道がわかりやすくなるように書いたものである. 両炭素上の p_y 軌道は互いに平行になって横腹を接し, π 結合を形成する. p_z 軌道どうしも同様に π 結合する. この結果, アセチレンの炭素-炭素結合は, 一つの σ 結合と二つの π 結合とで三重に結合することになる. このような結合を**三重結合** (triple bond) という.

π 結 合 電 子 雲

図 1・14 (c) は, アセチレンの二つの π 結合を結合軸の方向から見たものである. 二つの π 結合は互いに 90° の角度を保って (直交して) 存在することがわかる. しかし, この二つの電子雲は互いに "流れ寄って" 円筒状の π 結合電子雲を構成するといわれている.

したがって, 三重結合は回転可能なものと思われるが, それを検証する手段はない.

7. 特殊な結合をもつ有機分子

ポイント!
有機分子では単結合，二重結合，三重結合以外の結合様式も見られる．

これまでは典型的な有機分子の結合状態と構造（形）を見てきた．多くの有機分子は，これらの結合を利用して形成されていると見ることができるが，ちょっと変わった結合によって構成されたものもある．ここではそのような分子のなかから，いくつかの例を見てみよう．

シクロプロパン

シクロプロパン（cyclopropane）C_3H_6 は，3個の炭素原子からできた環，すなわち三員環をもつ分子である．その三角形の内角は 60° である（図 1・15a）．しかしながら炭素のどのような軌道を使っても，結合角を 60° にすることはできないはずである．シクロプロパンの炭素はどのような結合をしているのだろうか？

実はシクロプロパンの炭素は sp^3 混成となっている．したがって，軌道の角度は 109.5° である（図 1・15b）．しかし，どのようにしても 60° にすることはできない．

図 1・15（b）は，シクロプロパンの結合状態を表したものである．ここで大切な点は，二つの炭素の混成軌道は確かに重なっており，結合は形成されてはいるが，その重なりが結合軸上にないということである．このため，このような結合は普通の σ 結合に比べて弱いことになる．シクロプロパンが反応しやすいことは，この弱い結合によって説明される．このようなものを"バナナ"結合ということがある（図 1・15c）．

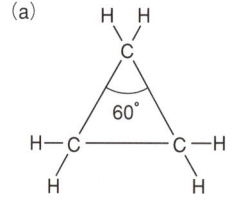
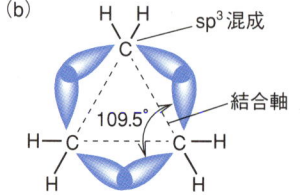
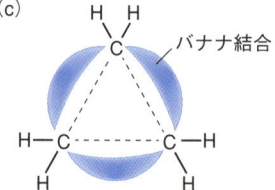

図 1・15　シクロプロパンの結合状態

アレン

アレン（allene）C_3H_4 の中央の炭素（C_2）は，両隣の炭素（C_1, C_3）と二重結合によって結合している（図 1・16a）．このような結合を**累積二重結合**（cumulative double bond）という．アレンの二重結合を構成する両端の炭素 C_1, C_3 は sp^2 混成であるが，中央の炭素 C_2 は sp 混成である．

図 1・16（b）はアレンの結合状態を表したものである．3個の炭素は混成軌道を使って σ 結合し，直線状に並ぶ．問題は π 結合である．分子の左半分，すなわち C_1 と C_2 は C_2 の p_y 軌道を使って π 結合を形成する．その結果，右半分，C_2 と C_3 は C_2 の残った p 軌道，すなわち p_z 軌道を使って π 結合を形成することになる．この結果，2個の π 結合は互いに 90° ねじれた関係になる（図 1・16c）．

累積二重結合をもつ化合物の総称を**クムレン**（cumulene）という．

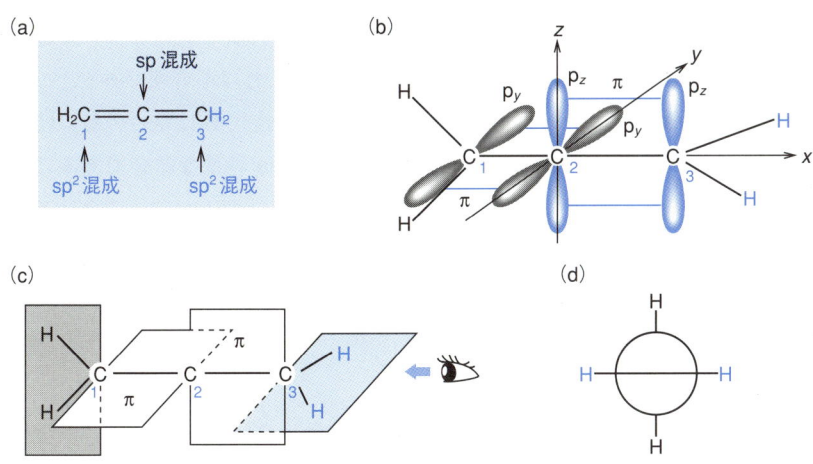

図 1・16 アレンの結合状態

ねじれるのは π 結合だけではない．両端の炭素についた水素のなす角度も 90° ねじれることになる．図 1・16（d）は，アレンを"ニューマン投影式"で表したものである．この図からわかるように，アレンの 4 個の炭素は 2 個ずつ，互いにねじれた関係になる．このことは，のちに立体化学で重要な意味をもつことになる（7 章参照）．

ニューマン投影式は，分子を結合軸の方向から見た図である．円は炭素を表し，結合のうち，中心まで伸びた結合は手前の炭素の結合である．それに対して，根元を円に隠された結合は奥の炭素の結合を表す．
ニューマン投影式については，3 章で詳しくふれる．

ブタジエン

ブタジエン (butadiene) C_4H_6 における炭素間の結合は，二重結合と単結合が一つおきに並んでいる（図 1・17a）．すなわち，構造式 **A** に示したように，C_1-C_2，C_3-C_4 間は二重結合であり，C_2-C_3 間は単結合である．このような結合を **共役二重結合**（conjugated double bond）という．

共役は"きょうやく"と読む．

共役二重結合を構成する炭素はすべてが sp^2 混成である．したがって，図 1・17 (b) のように各炭素上に p 軌道があり，それが平行に並ぶので，各炭素間，すなわち C_1-C_2，C_2-C_3，C_3-C_4 間すべてに π 結合が存在することになる．このような構造を表したのが構造式 **B** である．

構造式 **A** と **B** は異なることに注意していただきたい．構造式 **B** には"変なところ"がある．炭素の結合の数を見てみよう．C_1 は，2 個の水素と単結合し，隣の炭素と二重結合している．したがって，結合の数は 4 本である．しかし，C_2 は 1 個の炭素と単結合し，両隣の炭素と二重結合している．したがって，結合の数は 5 本である．これは不合理である．

構造式 **A** は π 結合に関して不合理であり，構造式 **B** は結合の数に関して不合理である．これは，ブタジエンの π 結合が特殊な結合であることに原因がある．表 1・2 に示したように，エチレンの一つの π 結合は二つの p 軌道からできている（図 1・17c）．それに対して，ブタジエンの π 結

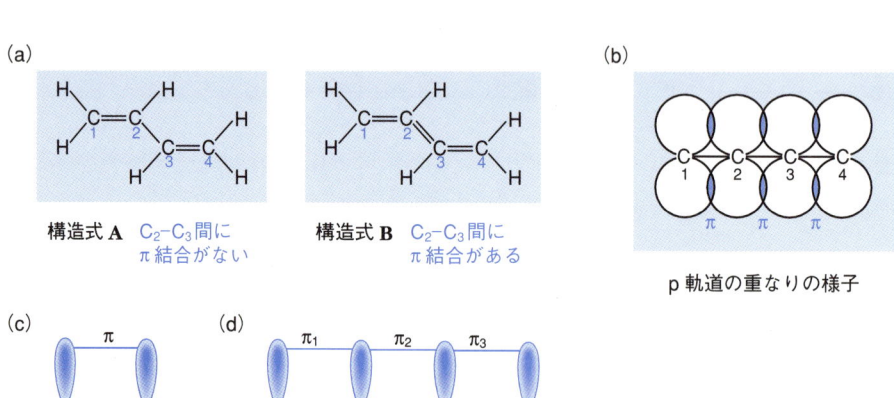

図 1・17 ブタジエンの結合状態

合は三つあるが，それを構成するp軌道は四つしかない（図1・17d）．すなわち，一つのπ結合を構成するp軌道の数は4/3であり，エチレンの2/3でしかない．これはブタジエンのπ結合の強度はエチレンの2/3しかないことを意味する．

表1・2 π結合の相対強度

	p軌道の数	π結合の数	π結合一つ当たりp軌道の数	π結合の相対強度
エチレン	2	1	2	1
ブタジエン	4	3	4/3	2/3
ベンゼン	6	6	1	1/2

すなわち，ブタジエンの二重結合は完全な二重結合ではなく，単結合がいくぶん二重結合性をもっているとみることができる．このようなことを理解したうえで，ブタジエンの構造式は **A** のように表せる．

ベンゼン

ベンゼン（benzene）は有機化学で非常に重要な化合物である．ベンゼンは六角形の平面形分子である（図1・18a）．ベンゼンを構成する炭素はすべてsp^2混成であり，その結合は共役二重結合である．したがって，ベンゼンの六つのπ結合は六つのp軌道からつくられることになり（図1・18b），その強度はエチレンの半分である．

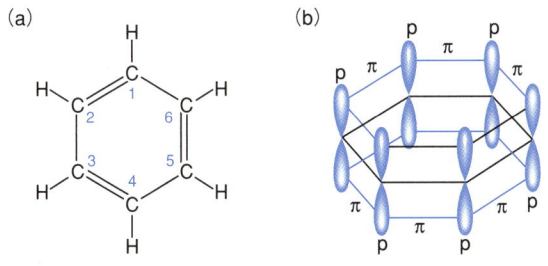

図1・18 ベンゼンの結合状態

ポイント！

以上のように，有機分子には面白い結合様式を含むものが存在している．

　ベンゼンの環内には，合計 6 個の π 結合電子が存在する．このように，環内に（$4n + 2$）個の π 電子をもつ環状共役化合物を**芳香族化合物**（aromatic compound）といい，特別の安定性をもっている．

2 異性体の種類と構造異性体

　有機分子には数え切れないくらい多くの種類が存在する．その理由の一つとして，分子式が同じでありながら，構造の異なる分子が多数存在することがあげられる．このような分子を互いに**異性体**（isomer）という．異性体について知ることは，有機分子の構造を理解するうえで大変重要となる．

1. 有機分子の基本的な姿

　異性体について見ていくまえに，その準備として一般的に有機分子はどのような姿をしているのかを見てみよう．

基本骨格と置換基

　有機分子の姿をとらえるには，私たちと同じように顔と体に分けて見てみるとよい．図2・1は枝分かれしたアルカンの構造である．炭素6個からなる長い直鎖状の部分に炭素1個分の短い枝がついている．

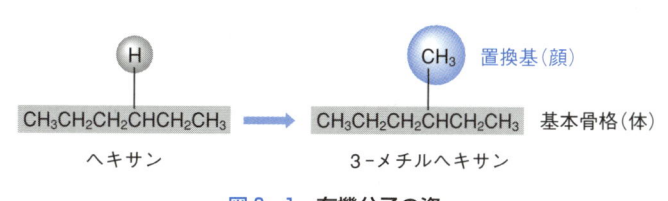

図2・1　有機分子の姿

有機分子の顔と体は取替え OK

ポイント！

有機分子は顔（置換基）と体（基本骨格）からなり，それぞれを取替えて組合わせを変えると，さまざまな種類のものができあがる．

この直鎖状の部分が"体"に相当し，分子の本体であり，**基本骨格**（炭素骨格，carbon skeleton）といわれる．一方，短い枝の部分（CH$_3$）が"顔"に相当し，ヘキサンの水素原子1個と置き換わったと見れるので，**置換基**（substituent）といわれる．

以上のように，有機分子は基本骨格と置換基の二つの部分からできていると考えることができる．そして，同じ基本骨格をもつ分子でも置換基を変えると性質が異なってくる．

官 能 基

置換基のうちで，その分子のもつ特徴的な性質の原因となるものを**官能基**（functional group）という．表2・1には代表的な官能基の例を示した．官能基の多くは水素や炭素以外の原子を含んでいるが，ビニル基 −CH＝CH$_2$ のように不飽和結合を含み炭素と水素だけでできたものもある．

ポイント！

官能基は有機分子に特有の性質をもたらす．

同じ官能基をもつ有機分子は基本骨格が異なっても，その官能基に共通した特有の性質を示す．そのため，有機分子はそれ自身がもつ官能基の種類によって分類できる．

表2・1 代表的な官能基

官能基	名 称	一般式	一般名	例
−OH	ヒドロキシ基	R−OH	アルコール	CH$_3$−OH メタノール
＞C＝O	カルボニル基	R$_2$C＝O	ケトン	(CH$_3$)$_2$C＝O アセトン
−CHO	ホルミル基	R−CHO	アルデヒド	CH$_3$−CHO アセトアルデヒド
−COOH	カルボキシ基	R−COOH	カルボン酸	CH$_3$−COOH 酢 酸
−NH$_2$	アミノ基	R−NH$_2$	アミン	C$_6$H$_5$−NH$_2$ アニリン
−CN	ニトリル基	R−CN	ニトリル	CH$_3$−CN アセトニトリル
−O−		R−O−R′	エーテル	CH$_3$−O−CH$_3$ ジメチルエーテル
−CH＝CH$_2$	ビニル基	R−CH＝CH$_2$	ビニル化合物	C$_6$H$_5$−CH＝CH$_2$ スチレン（ビニルベンゼン）

2. 異性体にはどのようなものがあるのだろうか

ここでは，どのような異性体があるのかを簡単に見てみよう．

炭化水素の異性体
まず，基本的な炭化水素の異性体には，どのようなものがあるかを見てみよう．

A. 分子式 CH_4（メタン），C_2H_6（エタン），C_3H_8（プロパン）
これらの分子については，可能な構造式はそれぞれ一つずつしかない．すなわち，異性体は存在しない．

B. 分子式 C_4H_{10}
この分子では，図 2·2 (a) に示した **1** と **2** の2種類の構造式が可能で

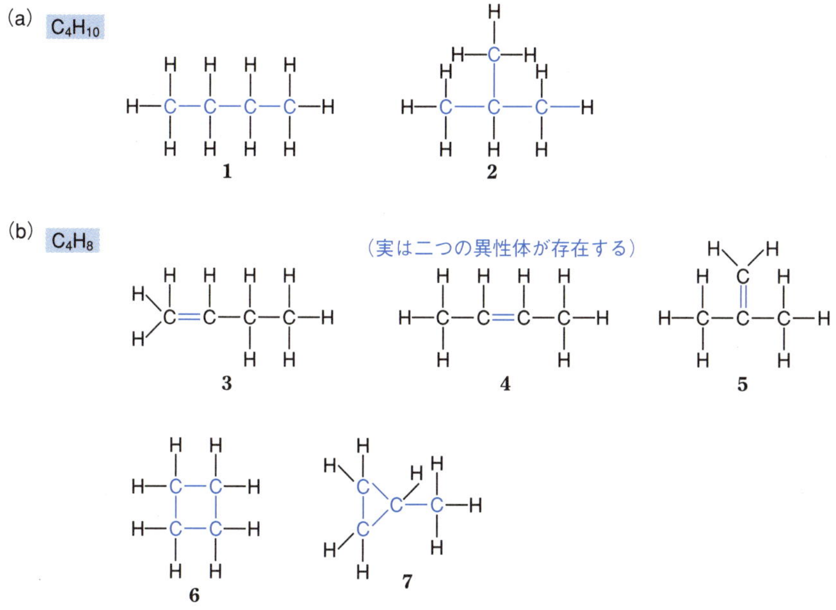

(a) C_4H_{10}

(b) C_4H_8 （実は二つの異性体が存在する）

図 2·2 炭化水素の異性体．(a) C_4H_{10}，(b) C_4H_8

ある．**1** と **2** はどのようにしても重ねあわせることはできないので，まったく異なる分子である．このように，分子式 C_4H_{10} で表されるものには，直鎖状（**1**）と枝分かれ状（**2**）の2種類がある．

C. 分子式 C_4H_8

この分子には，図2・2(b)に示した5種類の異性体がある（実は6種類なのであるが，それについては後で詳しく説明する）．**3** と **4** はともに直鎖状であるが，二重結合の位置が異なる．**5** は枝分かれ状である．これらに対して，**6**, **7** は環状分子である．**6** は四員環であり，**7** は三員環にメチル基がついている．

このように，基本的な有機分子でも異性体が存在する．そして，異性体の数は炭素原子数の増加とともに増えることがわかっている．表2・2にはアルカンの異性体数を示した．炭素数が30のアルカンの異性体数は驚くべきことに，40億を超える．

練習のために，異性体の構造式を書き出してみるのもよい．ただし，炭素数30の異性体に挑戦するには，人生を捨てる覚悟がいるかもしれない．

表2・2 アルカンの異性体数

分子式	異性体数	分子式	異性体数
C_4H_{10}	2	C_9H_{20}	35
C_5H_{12}	3	$C_{10}H_{22}$	75
C_6H_{14}	5	$C_{15}H_{32}$	4347
C_7H_{16}	9	$C_{20}H_{42}$	366 319
C_8H_{18}	18	$C_{30}H_{62}$	4 111 846 763

酸素を含む分子の異性体

図2・3は酸素を含む分子，分子式 C_2H_4O で表されるものの異性体である．**1** は C=C 二重結合と，官能基としてヒドロキシ基 OH をもっている．

図2・3 C_2H_4O の異性体

2 は官能基としてホルミル基 CHO をもっている．3 は環状の分子であり，環を構成する原子として酸素をもっている．このように，炭素，水素以外の原子をもつものでは，炭化水素では見られない種類の異性体が現れる．

異性体の分類

さて，このような異性体にはどのような種類があるのだろうか．異性体を大きく分けると，分子を構成する原子の結合の順序が異なる**構造異性体**（structural isomer）と，原子の結合の順序は同じであるが立体的な配置や配座の異なる**立体異性体**（stereoisomer）の 2 種類がある（図 2・4）．

> **ポイント！**
> 異性体は構造異性体と立体異性体に大きく分けられる．

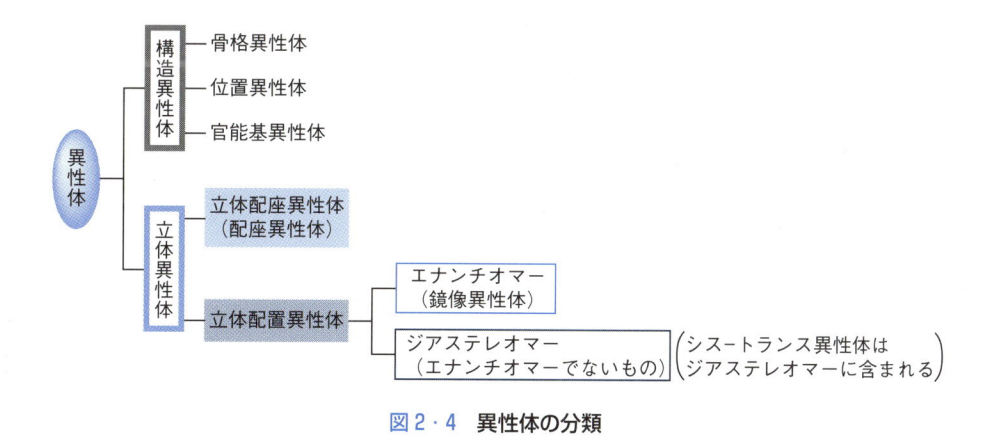

```
            ┌ 構造異性体 ┬ 骨格異性体
            │           ├ 位置異性体
            │           └ 官能基異性体
異性体 ─────┤
            │           ┌ 立体配座異性体（配座異性体）
            └ 立体異性体┤
                        └ 立体配置異性体 ┬ エナンチオマー（鏡像異性体）
                                        └ ジアステレオマー（エナンチオマーでないもの）　（シス-トランス異性体はジアステレオマーに含まれる）
```

図 2・4　異性体の分類

有機立体化学の主題となる立体異性体については，あとの章で詳しくふれるとして，以下では構造異性体について見てみよう．

3．おもな構造異性体

ここでは，どのような構造異性体があるのかを見てみよう．

骨格異性体

図 2・2 (a) に示した **1** と **2** のように，炭素骨格の違いに基づくものを**骨格異性体**という．**1** の炭素骨格は直鎖状になっており，一方 **2** は枝分か

```
              C
              |
C—C—C—C    C—C—C
 直鎖状      枝分かれ状
```

このように，鎖状分子の炭素骨格の違いによる異性現象を**鎖形異性**（chain isomerism）ともいう．

れ状になっている．炭素数が増えるにつれて，枝分かれにさまざまなパターンが生じ，骨格異性体の数が増加する．

位置異性体

炭素骨格に対する置換基（官能基）の位置が異なるものを**位置異性体**（position isomer）という．

直鎖状分子の炭素骨格に対して，置換基（枝分かれの枝）はさまざまな位置に結合する．図2・5（a）は分子式 C_6H_{14} の異性体である．**1**ではメチル基は左から2番目の炭素（C_2）についているが，**2**は3番目の（C_3）についており，これらは互いに位置異性体である．

> 置換基のついている炭素の位置の番号は，できるだけ小さな数字になるように約束されている．

図2・5（b）は分子式 $C_5H_{12}O$ をもつアルコールの異性体である．炭素骨格に結合した官能基（この場合，ヒドロキシ基 OH）の位置の違いによって，四つの異性体（**3**～**6**）が存在する．

> ヒドロキシ基のついている炭素に結合している炭素置換基Rの個数に応じて，1個のものを第一級アルコール，2個のものを第二級アルコール，3個のものを第三級アルコールという．

また，図2・2（b）に示した**3**，**4**のように，炭素骨格中にある二重結合の位置の違いによる位置異性体も存在する．

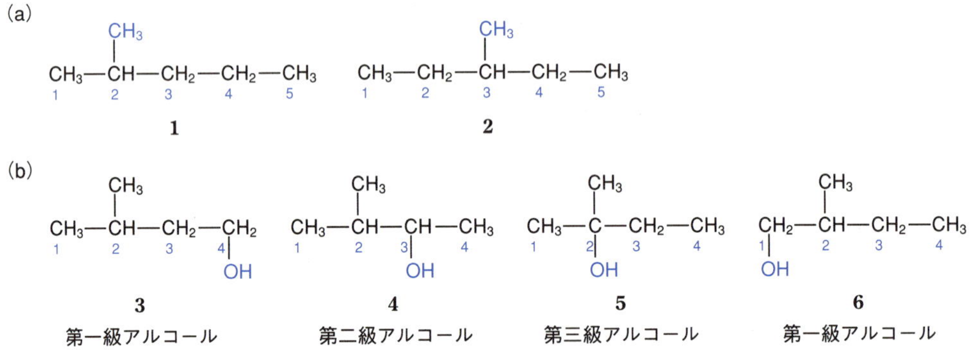

図2・5 位置異性体の例． (a) C_6H_{14}，(b) $C_5H_{12}O$

さらに，図2・6に示したように，置換基を2個もつ芳香族化合物ではそれらの置換基がベンゼン環に結合する位置の違いにより，3種類の位置異性体が存在する．

官能基異性体

官能基の種類の違いによるものを**官能基異性体**（functional isomer）という．図2・7にいくつかの官能基異性体の例を示した．

アルデヒドとケトン

1 と **2** はともに分子式 C_3H_6O をもつ．しかし，**1** はホルミル基 CHO をもつアルデヒド（プロパナール）であり，**2** はカルボニル基 C=O をもつケトン（ジメチルケトン，アセトン）である．このように，**1** と **2** は同じ分子式でありながら，異なる官能基をもっている．

アルコールとエーテル

3 と **4** はともに分子式 C_2H_6O をもつ．しかし，**3** はヒドロキシ基 OH をもつアルコール（エタノール）であり，**4** は酸素 O の両側にアルキル基（メチル基）のついたジメチルエーテルである．

ニトリル CN とイソニトリル NC

ニトリル基とイソニトリル（イソシアノ）基は特殊な関係にある．すなわち，どちらも C 1 個と N 1 個でできているが，ニトリル基は R−CN として炭素で結合する．それに対して，イソニトリル基は R−NC として窒素で結合する．この場合も **5**, **6** は同じ分子式 C_2H_3N でありながら，異なる分子となっている．

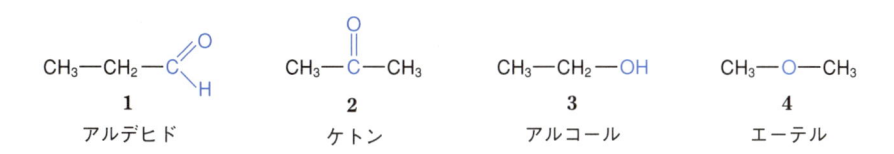

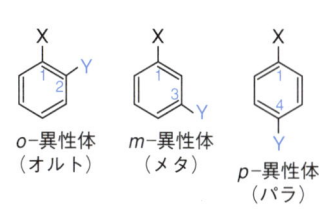

図2・6 **芳香族化合物の位置異性体**

2個の置換基が隣り合う炭素 C_1, C_2 に結合しているものをオルト（o-）異性体，C_1, C_3 に結合しているものをメタ（m-）異性体，正反対の炭素 C_1, C_4 に結合しているものをパラ（p-）異性体という．

図2・7 **官能基異性体の例**

> **ポイント！**
> 構造異性体のおもなものに，骨格異性体，位置異性体，官能基異性体がある．

同じような異性関係は，官能基 N=C=S でも起こる．すなわち，置換基が N の部分で結合した **7** のイソチオシアン酸エステル R–N=C=S と S で結合した **8** のチオシアン酸エステル R–S=C=N が存在する．

4. 環状分子の構造異性体

ここでは，環状分子における構造異性体について見てみよう．

核異性

核異性（nuclear isomerism）には，以下のようなものがある．

その一つは環構造そのものの違いに基づくものである．図2・8(a) の **1**, **2** はともに分子式 $C_{10}H_8$ の化合物である．しかし，ナフタレン **1** では環は 2 個の六員環からなるのに対して，アズレン **2** では五員環と七員環からなっている．**1** と **2** はともに 2 個の環構造が縮合したものであり，二重結合の数も五つと同じであるにもかかわらず，**1** は無色の結晶，**2** は濃青色の結晶であり，これらは物理的・化学的性質が大きく異なる．

環を構成する原子間の結合位置が異なる核異性もあり，これは骨格異性体の一種である．図2・8(b) の **3**, **4** はともに分子式 C_7H_{12} をもつ異性体である．**3** は六員環に対して 7 番目の炭素が C_1 と C_4 の間で橋架けした構造であり，**4** は C_1 と C_3 で橋架けした構造である．**3**, **4** を立体的に書いた構造式がそれぞれ **3′**, **4′** である．

> **3′**, **4′** を立体構造式といい，それに対して **3**, **4** を平面構造式ということがある．

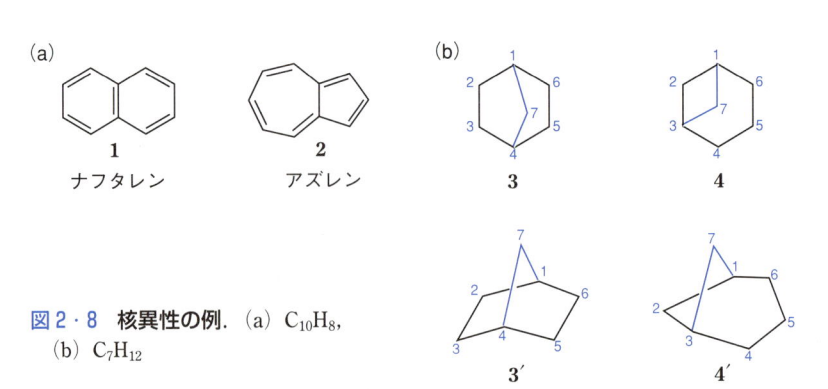

図2・8 核異性の例． (a) $C_{10}H_8$, (b) C_7H_{12}

環異性

環異性 (ring isomerism) は環構造におけるヘテロ原子の位置が相対的に異なることによって生じる現象である．環構造を構成している原子のうち，炭素以外の原子をヘテロ原子という．ヘテロ原子を複数個含む環状分子では，ヘテロ原子の位置の違いによって異性現象が現れる．

図2・9のイミダゾール**5**とピラゾール**6**では2個の窒素原子が隣にあるか(**6**)，離れているか(**5**)の違いがある．オキサゾール**7**とイソオキサゾール**8**では，窒素と酸素の相対位置に違いがある．

環異性は核異性に含まれ，位置異性の一種でもある．

5 イミダゾール **6** ピラゾール

7 オキサゾール **8** イソオキサゾール

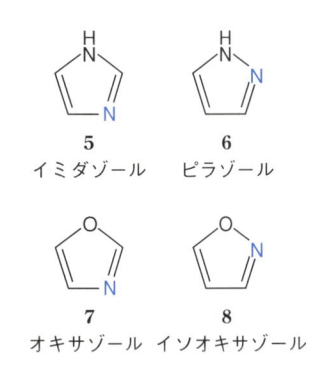

図2・9 環異性の例

5. その他の構造異性体

これまで見てきたもの以外の構造異性体も存在する．ここでは，それらについて見てみよう．

互変異性体

これまでに登場した構造異性体は互いに異なる分子であり，特別の反応条件の下で化学反応を行わないかぎり，互いに変化しあうものではなかった．ところが，ある種の異性体は互いに変化しあう．ある瞬間は異性体Aであるが，つぎの瞬間は異性体Bになっている．そして，つぎの瞬間にはまたAに戻るというように，まるで振り子のようにAになったりBになったりするのを繰返す．このような構造異性体を**互変異性体** (tautomer) という．

ケト-エノール互変異性

図2・10(a)の**1**と**2**は，ともに分子式 C_3H_6O の異性体である．**1**はアセトンであり，カルボニル基C=Oをもったケトン誘導体である．それに対して，**2**は二重結合とヒドロキシ基をもっている．**1**をケト形，**2**をエノール形という．

アセトン**1**はいつでもその構造のままでいるわけではない．ある瞬間には**2**の構造に変化している．すなわち，ある瞬間はケト形になり，ある瞬間はエノール形になる．これを**ケト-エノール互変異性** (keto-enol

互変異性ネコ

tautomerism）とよんでいる．

ただし，ケト-エノール互変異性では，二つの構造AとBが等しい確率でAになり，Bになるわけではない．非常に長い時間はAであり，Bには非常に短い時間しかどどまらないのが一般的である．**1**と**2**はその例である．一般に，ケト形はエノール形より安定である．そのため，図2・10（a）の**1**と**2**では，ほとんどすべての時間はアセトン**1**であり，**2**で存在する時間はほとんどない．

しかし，アセト酢酸エチルエステル**3**，**4**は例外的なものであり，ケト形**3**とエノール形**4**がほぼ同じ確率で存在する（図2・10b）．エノール形が安定な例もある．図2・10（c）の**5**と**6**の例がそれである．この場合にはエノール形**6**のフェノールが芳香族化合物であり，非常に安定なことが原因となっている．

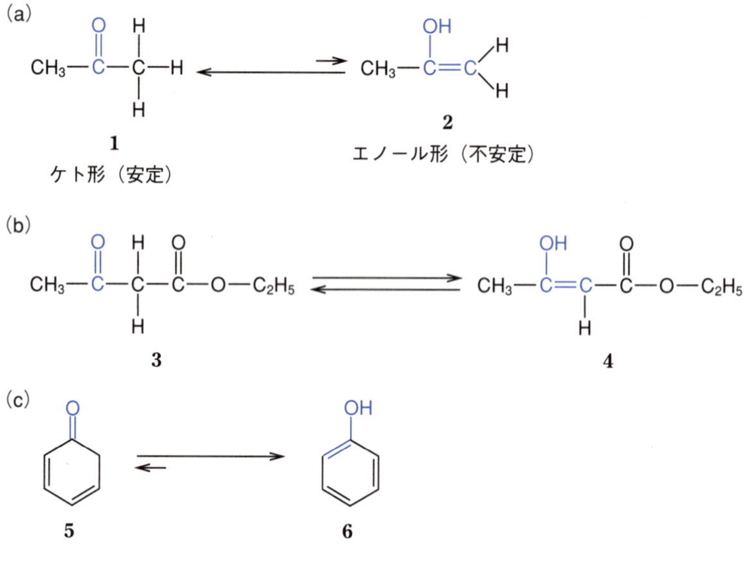

図2・10　ケト-エノール互変異性の例

結 合 異 性 体

互変異性は炭化水素においても起こる．八員環分子**7**は，ある瞬間に六員環と四員環が縮合した**8**になる（図2・11a）．このような構造異性体

図 2・11 結合異性体の例

を**結合異性体**(linkage isomer)という．二つの構造異性体のうち **7** のほうが安定であるので，もっぱら **7** の構造で存在している．

しかし，反応条件によっては **8** のほうが反応性が高いこともある．そのような場合には，非常に小さい確率でも，偶然存在した **8** が反応することになり，それにともなって **7** がつぎつぎと **8** に変化していくので，結果的にすべての **7** が **8** を経由して反応することになる．その例が **7** と無水マレイン酸 **9** との反応である．**7** は **9** との反応性が低いが，**8** との反応性は高い．そのため，低い確率ながら **8** になったものは，つぎつぎと **9** と反応して **10** になる．

七員環をもつ **11** も同じような状況にあり，非常に小さい確率ではあるが **12** となっていることもある（図 2・11b）．しかし，この確率は置換基 X によって大きく影響されることが知られている．

> **ポイント！**
> 構造異性体だけでも多くの種類があり，数え切れないほどの有機分子を生み出す一つの原因となっている．

II

基礎的な立体異性体

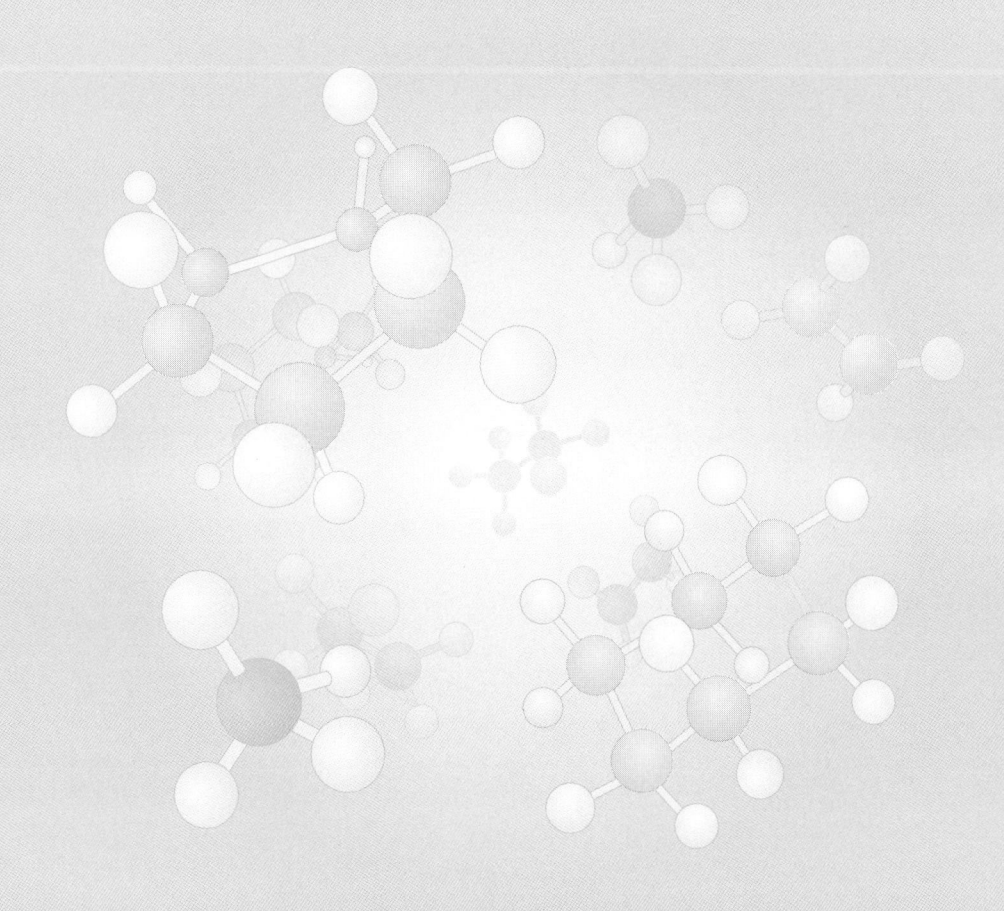

3 立体異性体の基礎

　立体異性体とは，原子の並ぶ順序は同じであるが，空間的な配置の異なるものをいう．立体異性体は有機立体化学の中核をなすものである．
　すでに2章で見たように，立体異性体は"立体配座異性体"と"立体配置異性体"の2種類に大きく分けることができる．

立体配置異性体の主役であるエナンチオマー，ジアステレオマーについては，章を改めて詳しく説明する．

1. 立体異性体の分類

　ここでは，立体異性体を知るうえで重要となる，立体配座と立体配置という言葉の意味について，簡単に見てみよう．

立体配座と立体配置

　1章で見たように，単結合は回転させることができる．この単結合のまわりの"回転"によって，簡単に相互変換できる分子一つ一つの三次元的な形のことを**立体配座**（**コンホメーション**，conformation）とよぶ．
　一方，結合を"切断"することによってのみ相互変換できる分子の三次元的な形のことを**立体配置**（configuration）という．

立体配座と立体配置の違い

　例えで，立体配座と立体配置の違いを見てみよう（図3・1）．有機立体化学好きのネコ君は手と足を動かすだけでいろいろなポーズをとることができ，これらの形は容易に変えられる．このようなポーズ（形）の一つ一

図3・1 立体配座 (a) と立体配置 (b) の違い

つを"立体配座"といい，それぞれのネコ君は互いに立体配座異性体の関係にある．

一方，ネコ君の手は頭寄りに，足はシッポ寄りについているというように，手足の空間的な配置は決まっている．つまり，どのネコ君も同じ"立体配置"をもっている．そして，これらの配置を変えるためには，残酷なことであるが，手足を切断してつけ替えるしかない．もし，足が頭寄りに，手がシッポ寄りについたネコ君が存在したならば，このようなネコ君は通常のネコ君とは異なる"立体配置"をもつことになる．つまり，両者のネコ君は互いに立体配置異性体の関係にある．

以上のことから，立体配座異性体は立体的な形の違いはあるが，すべて同一の分子であるのに対して，立体配置異性体はすべて異なる分子であることがわかるだろう．

ポイント！
立体異性体について理解するには，立体配座と立体配置の違いについて知ることが重要である．

2. 基本的な立体配座異性体

単結合（σ結合）のまわりの回転により生じる立体配座異性体について，最も基本的なものを見てみよう．立体配座異性体は単に**配座異性体**（conformational isomer, conformer（**コンホマー**））ともよばれる．

エタンの立体配座異性体

エタン CH_3-CH_3 の2個の炭素原子は単結合，すなわち σ 結合で結ば

れている．σ結合は結合電子雲が結合軸上にあり，そのため，結合軸まわりの回転が可能である．

図3・2にはエタンをC-C結合軸のまわりで回転した配座異性体を示した．**1**のように2個の炭素に結合している水素が互いに重なった立体配座を出発点として見てみよう．最初の**1**の状態から，後ろの炭素を60°ほど回転させると**2**になる．**2**では炭素についた水素は互いに斜め向かいにある．さらに，60°回転させると，つまり最初の状態から120°回転させると**3**になり，最初の**1**と同じ立体配座になる．これをさらに60°回転させる（最初の状態から180°回転）と**4**になり，**2**と同じ立体配座になる．

1, **3**では手前の水素と後ろの水素が重なっているので，**重なり形配座**（eclipsed conformation）という．一方，**2**, **4**では手前の水素と後ろの水素は互いに斜め向かいの，ねじれた位置にあるので，**ねじれ形配座**（staggered conformation）という．以上のように，エタンでは60°の回転ごとに重なり形とねじれ形が交互に現れる．

このような異性体は単結合のまわりの回転により生じるので，**回転異性体**（rotational isomer, rotamer）ともいう．

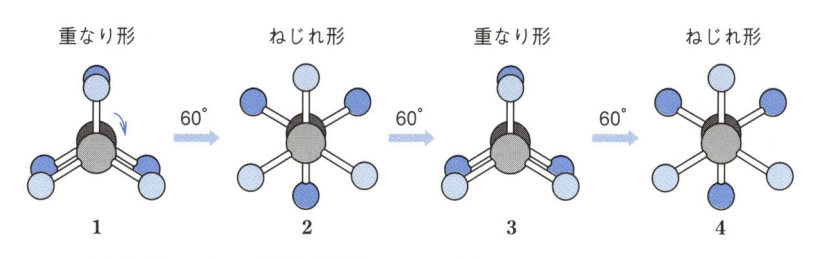

図3・2　エタンの配座異性体．C-C結合のほぼ正面から見たもの．

ポイント！
エタンでは単結合のまわりの回転によって，立体配座異性体が生じる．

立体構造の表示法

ここでは三次元の立体構造をもつ分子を，二次元（平面）においてどのように表現するのかを見てみよう．図3・3は炭素原子に4個の異なる置換基がついた四面体形の分子の構造を示したものである．図3・3(a)のような通常の構造式からは，分子の立体構造についての情報は得られない．

そこで，図3・3(b)に示したように，紙面上にある原子（W, X）の

II. 基礎的な立体異性体

▶ や ⇝ では尖った先端が紙面上の原子についている．

4個の異なる置換基と結合している炭素を不斉炭素という（5章参照）．不斉炭素をもつ分子の立体配置の表示法として，フィッシャー投影式がある（6章参照）．

結合を実線で，紙面より手前に出ている原子（Y）の結合を楔（くさび）▶で，紙面の後方にある原子（Z）の結合を⇝で表せば，分子の立体構造（置換基の立体配置）を反映させることができる．

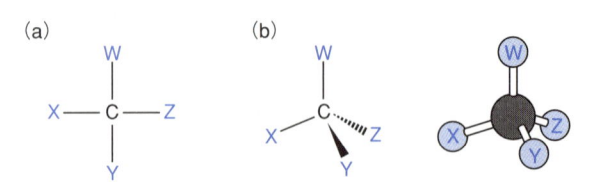

図3・3 立体構造の表示法

立体配座異性体の表示法

つぎに，図3・2に示したエタンを例にとって，分子の立体配座をどのように表示するのかを見てみよう．

最も一般的な表示法は**ニューマン投影式**（Newman projection）とよばれるものである．図3・4(a)に示したように，まずエタン分子を炭素-炭素結合の延長線上（正面方向）から見て，後ろの炭素を円で表し，手前の炭素を円の中心として表示する．このとき，後ろの炭素の結合は円の周囲から出るように，手前の炭素の結合は円の中心で交わるように表される．

もう一つの方法として，**木びき台表示**（sawhorse representation）がある．これは，C−C結合を斜め方向から見て，すべてのC−H結合を描いたものである（図3・4b）．

ポイント！

ニューマン投影式は立体配座を表示するのに，最も一般的に用いられている．

3．立体配座の相互変換

通常，エタンはほとんどがねじれ形配座，あるいはそれに近い形で存在していることがわかっている．これは，なぜだろうか？ ここでは，その理由について見てみよう．

立体配座のもつエネルギー

図3・5はエタンの立体配座のもつエネルギーを示したものである．横

3. 立体異性体の基礎　41

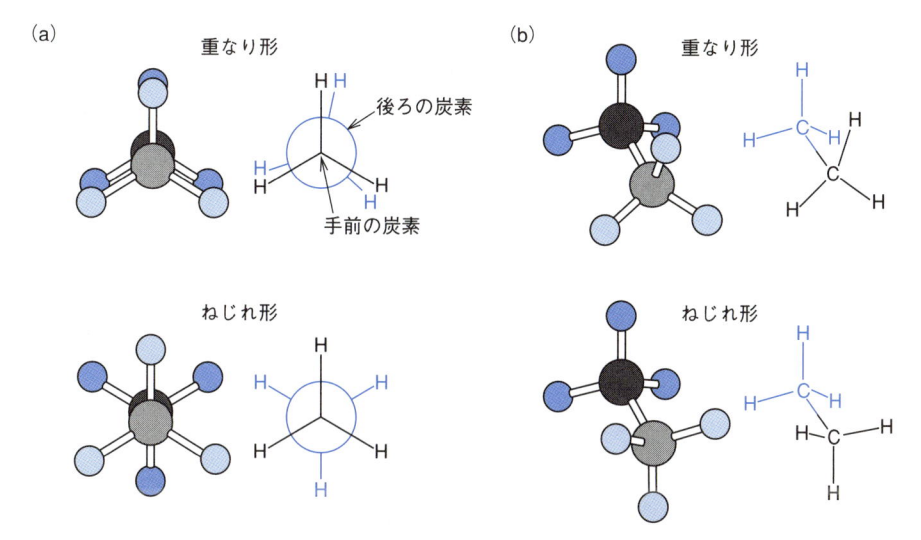

図3・4　立体配座の表示法. (a) ニューマン投影式, (b) 木びき台表示

軸は手前と向こうの C–H 結合間の角度を示し, **二面角** (dihedral angle) あるいは**ねじれ角** (torsion angle) とよばれている. $\theta = 0°$, $120°$, $240°$, $360°$ のときが重なり形配座に, $\theta = 60°$, $180°$, $300°$ のときがねじれ形配座に相当する.

上記の二面角 (ねじれ角) は, 1章で見た結合角, 結合長とともに, 分子の構造を決める重要なパラメーターとなる.

厳密には, 二面角とねじれ角は同じものではない. 二面角はもともとは二つの面のなす角度をさし, 符号をもたない. それに対して, ねじれ角は結合を時計回りに回転させたときを+, 反時計回りに回転させたときを−として, 符号をともなう.

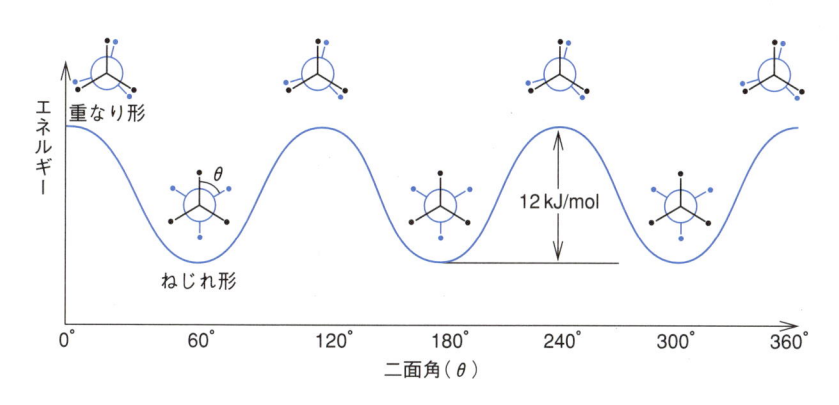

図3・5　エタンの配座異性体とエネルギー

> **ポイント！**
> ねじれ形配座は安定であり，重なり形配座は不安定である．

図を見ると，二面角に対するエネルギーの変化は曲線を描き，60°ごとに最も高い状態と最も低い状態が交互に現れている．ここで，重なり形配座のエネルギーが最も高く，ねじれ形配座のエネルギーが最も低いことがわかる．エネルギーの高い分子は不安定であり，エネルギーの低い分子は安定である．そのために，通常，エタンはエネルギーの最も低い状態であるねじれ形，あるいはそれに近い形で存在しているのである．

エタンの単結合のまわりの回転

図3・5に示したように，ねじれ形と重なり形のもつエネルギーの差は 12 kJ/mol（2.9 kcal/mol）である．重なり形をとるために生じるひずみを**ねじれひずみ**（torsional strain）といい，このことによるエネルギー差が単結合のまわりの**回転障壁**（rotational barrier）となる．つまり，ねじれ形から重なり形を経て，再びねじれ形になるには，ねじれひずみに由来するエネルギー障壁を越えなければならない．このため，エタンの単結合のまわりの回転は完全に自由なものであるとはいえない．しかし，エタンにおけるエネルギー差は小さく，室温で容易に得られるので，通常，エタンの単結合は非常に速い速度で，ほとんど自由に回転しているといってよい．

以上のことから，エタン分子は単結合の回転によってねじれ形からねじれ形に容易に変換するが，重なり形はその過程において瞬間的に存在するだけであり，その存在確率はごくわずかであることがわかる．

エタンのねじれひずみは 12 kJ/mol であり，単結合のまわりの回転は室温で1秒間に 60〜70 億回程度といわれている．エネルギー差が 6 kJ/mol ごとに，回転数は 10 倍変化する．回転が束縛を受けて配座異性体を互いに分離できるようになるには，100 kJ/mol 以上のねじれひずみが必要であるといわれている．

ねじれひずみの原因

それでは，なぜエタンのねじれ形と重なり形においてエネルギーに差が生じるのだろうか？ この質問に対するはっきりとした答えは現在のところ得られていないが，一般的には立体的な反発のせいといわれている．すなわち，重なり形ではマイナスに荷電した C−H σ 結合の電子雲どうしの静電的な反発および水素原子どうしの立体的な反発のために不安定になり，エネルギーが高くなるというものである．

しかしながら，上記の理由だけではねじれ形と重なり形のエネルギーの違いを説明できず，別の原因が考えられている（コラム参照）．

ねじれひずみエネルギーの原因

ねじれ形が重なり形より安定である大きな原因として，軌道間相互作用があげられる．

1章で見たように，原子どうしが共有結合するとき，分子軌道が生じる．このような分子軌道には結合性軌道と反結合性軌道の2種類がある．

分子軌道では，系（分子）のエネルギーを決めるのは，軌道間の相互作用である．図1(a)に示したように二つの軌道AとBが相互作用すると，安定化した結合性軌道Cと不安定化した反結合性軌道Dが同時に生じる．軌道A，Bに入っていた電子はエネルギーの低い結合性軌道から順に入っていく．そして，系のエネルギーは軌道に入っている電子のエネルギーの総和で決まる．

もし，Aに2個，Bに2個の合計4個なら，C，Dに2個ずつ入る（図1b）．したがって，2個は安定化し，2個は不安定化するので，結局，相互作用がないことと同じになる．相互作用の結果が現れ，系が安定化するのは，電子数1, 2, 3個のいずれかの場合だけである．図1cには電子数2の場合を示した．

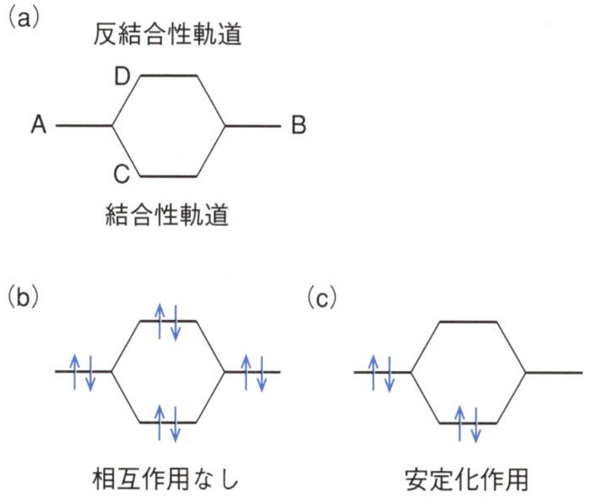

エタンのC−H結合には，電子2個が入った結合性軌道 σ と，電子の入っていない反結合性軌道 σ^* の間の相互作用がある（図2）．

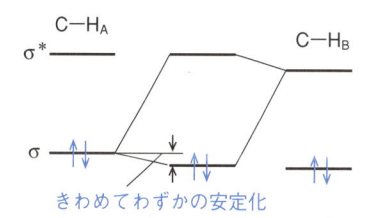

図2　エタンのC−H結合の軌道間相互作用

このような場合，σ 軌道と σ^* 軌道との有効な相互作用が生じるためには，両者が空間的に重ならなければならない．そして，有効な重なりをつくるためには，両者が平行になっているのが最も良い．

図3に示すようにねじれ形の場合は σ 軌道と σ^* 軌道は平行になっているが，重なり形の場合は平行になっていない．このため，ねじれ形が重なり形よりも安定になると考えられる．

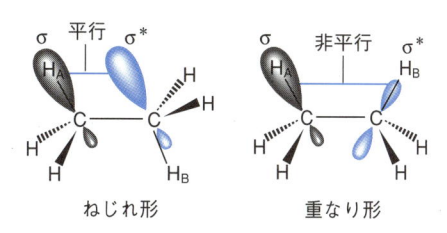

図1　結合性軌道と反結合性軌道

図3　ねじれ形と重なり形の軌道間相互作用

ブタンの立体配座異性体

ここでは，エタン CH_3CH_3 の二つの水素をメチル基に置き換えたブタン $CH_3CH_2CH_2CH_3$ の配座異性体について見てみよう．

図3・6はブタンの中央にある C_2-C_3 結合で回転した場合の配座異性体を示したものである．ブタンもエタンと同様に中央の $C-C$ 結合が60°ごとに回転することよって，重なり形とねじれ形が交互に現れる．しかし，エタンとは異なり二つのメチル基をもつために，それぞれ2種類存在することになる．

図3・6に示したように，重なり形にはメチル基どうしが重なった**1**と別の重なり方をした**3**が存在する．一方，ねじれ形にはメチル基どうしが接近した**2**とメチル基が180°離れている**4**が存在する．**2**を**ゴーシュ形配座**（gauche conformation），**4**を**アンチ形配座**（anti conformation）という．

さらに回転を続けて生じる240°の重なり形配座は120°のものと，300°のねじれ形配座は60°のものと鏡像関係にある．

ブタンの立体配座の相互変換

ブタンにおけるエネルギー曲線はエタンよりも少し複雑な形をしている．重なり形配座におけるエネルギーの極大点とねじれ形配座におけるエネルギーの極小点が，それぞれ2種類ずつ存在している（図3・7）．

重なり形である**1**は2個のメチル基が重なっており，メチル基どうしによる立体ひずみと，すでにエタンのところで見たねじれひずみのために，エネルギーは最も高くなる．**立体ひずみ**（steric strain）とは，二つの原子どうしが接近して，それぞれの原子のもつ原子半径の範囲内に入ることで生じる反発的な相互作用によるひずみのことをいう．立体ひずみが生じると，分子は二つの原子ができるだけ離れて存在するような立体配座をとる．ブタンにおける重なり形**1**のひずみエネルギーの大きさは 20 kJ/mol である．

同じ重なり形**3**でも，ここで重なっているのはメチル基と水素なので立体ひずみによる影響は小さく，ねじれひずみの寄与がほとんどである．そのため，**1**よりも安定でありエネルギーは低くなる．

ねじれ形配座において，ゴーシュ形**2**では，手前のメチル基は後ろの炭素についたメチル基と水素の間にはさまり，アンチ形**4**では2個の水

3. 立体異性体の基礎   45

ブタンの炭素骨格

重なり形

ねじれ形
ゴーシュ

重なり形

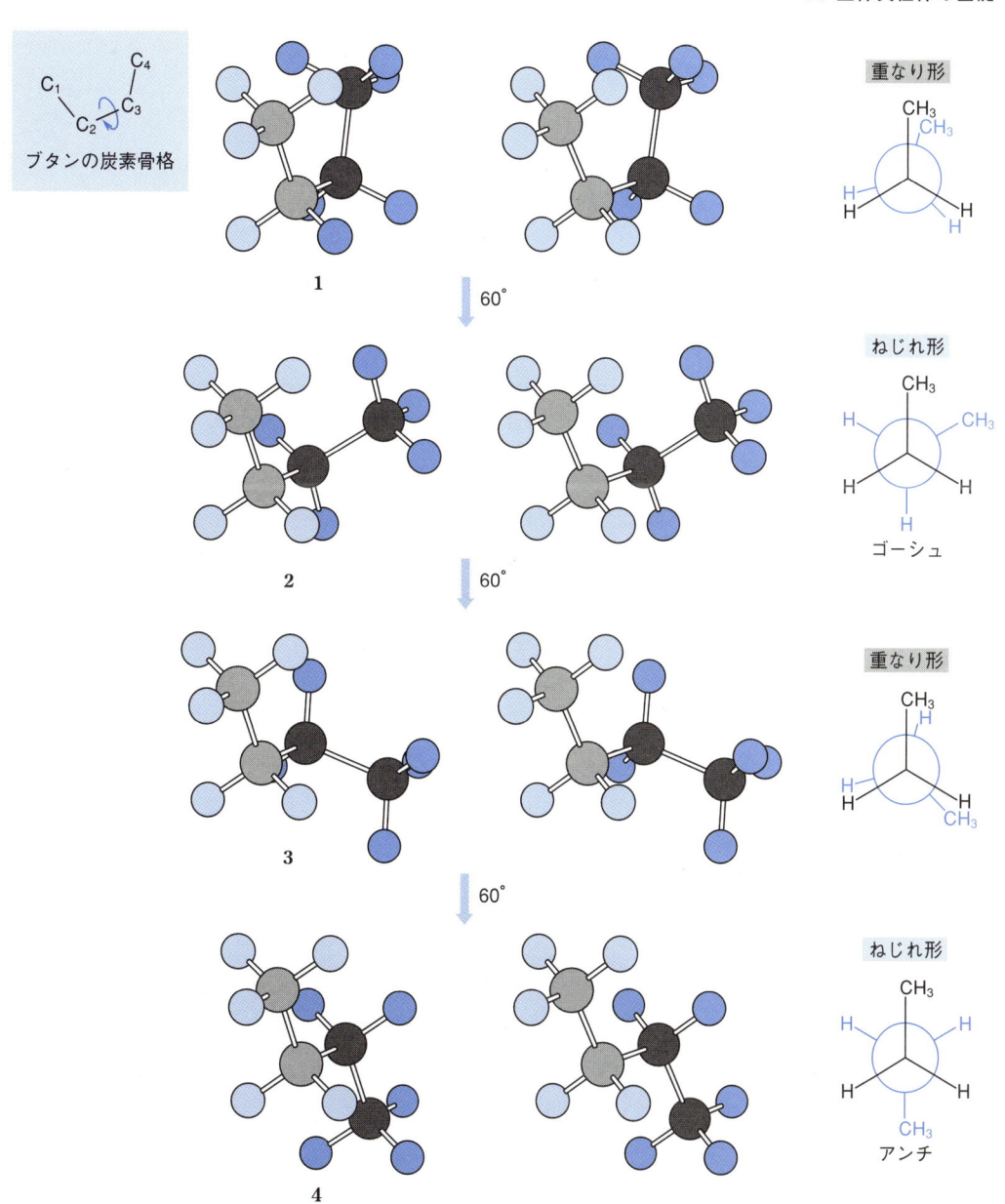

ねじれ形
アンチ

図3・6 ブタンの配座異性体. ステレオ図で示した. ステレオ図を見るとき, 左右の図の中央を, 遠くを眺める目つきで見ると両方の図が重なり立体的に見える.

II. 基礎的な立体異性体

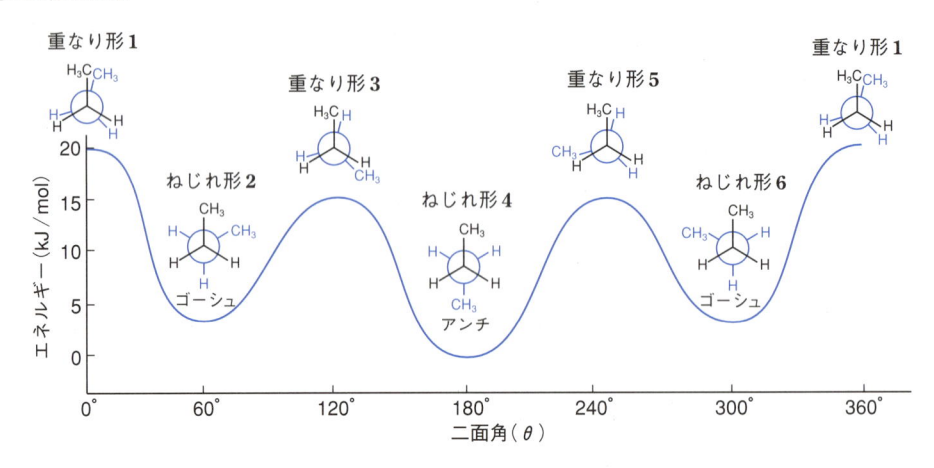

図3・7　ブタンの配座異性体のエネルギー

ブタンの単結合は室温で1秒間に2億回程度回転しているといわれている．ただし，極低温にすれば相互変換の速度が遅くなり，3種類の安定な配座異性体（図中のねじれ形 2, 4, 6）が分離できるだろう．

素の間にはさまっている．ゴーシュ形 2 ではメチル基どうしが近づくために生じる立体ひずみのために，アンチ形 4 よりもエネルギーは高くなる．

以上のことから，ブタンでは中央の C-C 結合まわりの回転によって，エネルギーの低い安定なゴーシュ形とアンチ形の間を速い速度で相互変換していることがわかる．

表3・1には，アルカンの立体配座とひずみの種類の関係を示した．

表3・1　立体配座とひずみの関係

立体配座（相互作用）	ひずみの内訳
重なり形 　H と H 　H と CH$_3$ 　CH$_3$ と CH$_3$	ねじれひずみ 大部分がねじれひずみ ねじれひずみ＋立体ひずみ
ねじれ形 　CH$_3$ と CH$_3$（ゴーシュ）	立体ひずみ

4. シス-トランス異性体

すでに見たように，二重結合のまわりの回転は一般的に不可能である．ここでは，そのために生じる立体異性体（立体配置異性体）について見てみよう．

シス-トランス異性体ってどのようなもの

エチレン $H_2C=CH_2$ の 2 個の水素を置換基 X で置き換えると，図 3・8 に示した 3 個の異性体が生じる．**1** では 2 個の X が同じ炭素に結合しているが，**2**，**3** では違う炭素に結合している．すなわち，**1**（1,1-二置換体）と **2**，**3**（1,2-二置換体）では置換基 X の結合している炭素の位置が異なる．

立体配座の命名法

すでに図 3・7 で見たブタンの配座異性体それぞれに名前がついて，はっきりと区別できれば便利である．そこで，ねじれ角規約が考案され，立体配座の表示に用いられている．

図 1 (a) に示すように，ねじれ角をシン（*syn*）・アンチ（*anti*），クリナル（*clinal*）・ペリプラナー（*periplanar*，ほぼ平面という意味）で表す．これらの定義を用いて，図 3・7 に示したブタンの配座異性体を命名すると，重なり形 **1**：シンペリプラナー（*sp*），ねじれ形 **2**：シンクリナル（*sc*），重なり形 **3**：アンチクリナル（*ac*），ねじれ形 **4**：アンチペリプラナー（*ap*）のようになる．

また，$0°<\theta<+180°$ を（＋），$-180°<\theta<0°$ を（－）と表せば，図 1 (b) に示すようにさらに細かく区別ができる．

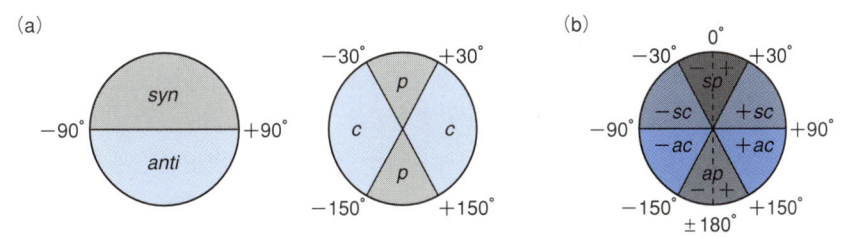

図 1　ねじれ角規約．*c*：クリナル（*clinal*），*p*：ペリプラナー（*periplanar*），*sp*：シンペリプラナー，*sc*：シンクリナル，*ac*：アンチクリナル，*ap*：アンチペリプラナー

II. 基礎的な立体異性体

したがって，**1** と **2**, **3** は互いに位置異性体（構造異性体）の関係にある．

2 と **3** は原子の結合の順序は同じであるが，置換基 X の二重結合に対する空間的な配置が異なる．すなわち，**2** では X が二重結合の同じ側についている．それに対して，**3** では X が二重結合の互いに反対側についている．両者は二重結合を切断することによってのみ相互変換が可能であるので，互いに立体配置異性体の関係にある．

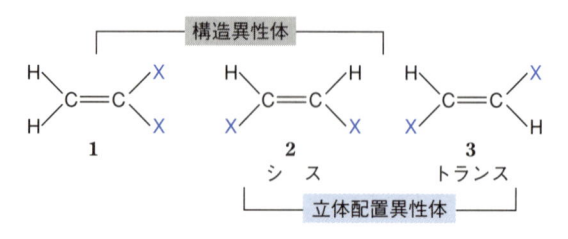

トランスイヌ　シスイヌ

二重結合をもたない環状分子においてもシス-トランス異性体が存在する（4 章参照）．
異なる 3 種類以上の置換基がついたときには，シス・トランスでは区別ができない．このような場合には，別の方法で区別する必要がある（6 章参照）．

図 3・8　エチレン二置換体の異性体

2 のように，二重結合の同じ側に同種の置換基がついているものを"**シス形**"，一方，**3** のように二重結合の反対側に同種の置換基がついているものを"**トランス形**"という．そして，このような異性体を**シス-トランス異性体**（*cis-trans* isomer）あるいは**幾何異性体**（geometric isomer）という．なお，シス-トランス異性体はジアステレオマーの一種である（図 2・4 および 8 章参照）．

シス-トランス異性体の性質

シス-トランス異性体の物理的・化学的性質は互いに異なる．たとえば，エチレンの水素を 2 個のメチル基 CH_3 で置換した 2-ブテンにおいては，両者の融点と沸点が異なっている（図 3・9a）．

さらに，2 個のカルボキシ基 COOH で置換したマレイン酸（シス形）とフマル酸（トランス形）では，融点や水に対する溶解度がかなり異なっている（図 3・9b）．また，140 ℃ に加熱するとマレイン酸は脱水して無水マレイン酸になるが，フマル酸は変化しない．

ポイント！

シス-トランス異性体の性質は互いに異なる．

アウアウガ〜!!　ク〜ン
トランスイヌ（活発）　シスイヌ（温厚）

マレイン酸ではカルボキシ基の距離が近いために，加熱によって脱水しやすいためである．

(a)

シス-2-ブテン
融点 −139.3 ℃
沸点 3.73 ℃

トランス-2-ブテン
融点 −105.8 ℃
沸点 0.88 ℃

図3・9 シス-トランス異性体の性質の違い

(b)

マレイン酸（シス形）
融点 130〜131 ℃
溶解度 0.6 g/水 100 g

140 ℃
$-H_2O$ →

無水マレイン酸

← 140 ℃ ✕

フマル酸（トランス形）
融点 287 ℃
溶解度 79 g/水 100 g

5．窒素を含む二重結合に関する異性体

有機分子を構成する二重結合には，炭素のみからなる C=C 二重結合だけではなく，窒素を含む二重結合（N=N, C=N）も存在する．ここでは，このような二重結合に関する立体配置異性体について見てみよう．

C＝N 二重結合の結合状態

まず，窒素を含む二重結合はどのような状態になっているかを見てみよう．C=N 二重結合を構成する炭素と窒素はともに sp^2 混成となっている．sp^2 混成炭素の電子配置については1章で見たとおりであるが，sp^2 混成の窒素の電子配置は図3・10 (a) に示したようになる．ここで重要なことは，三つの sp^2 混成軌道のうちの一つだけは2個の電子が入り，結合に関与しない非共有電子対となっていることである．

図3・10 (b) は C=N 結合をもつ分子の結合状態である．窒素は不対電子の入った一つの sp^2 混成軌道を使って N−C σ結合をつくり，もう一方の不対電子の入った sp^2 混成軌道を使って置換基 Z との N−Z σ結合をつくっている．そして，不対電子の入った p 軌道を使って N−C 間の π結

アンモニアを構成する窒素原子は sp^3 混成である．四つの sp^3 混成軌道のうち一つは非共有電子対となっている．アンモニアは下記のような三角錐の構造をとる．

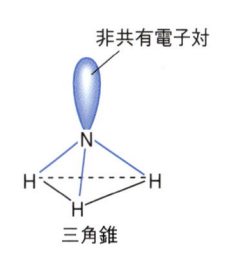

非共有電子対

三角錐

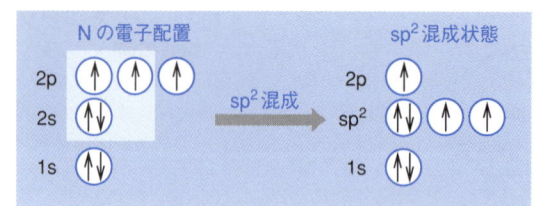

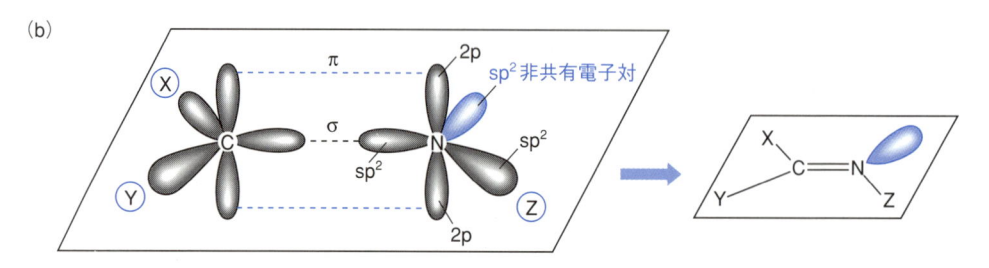

図 3・10 C=N 二重結合. (a) N の sp² 混成状態, (b) C=N 二重結合をもつ分子の結合状態

合を構成する.その結果,分子を構成する 5 個の原子 C, N, X, Y, Z は同一平面上にあり,分子の構造は平面形となる.

ここで注意していただきたいのは,窒素原子上の非共有電子対である.この 2 個の電子で満たされた sp² 混成軌道の存在が,以下で見る異性現象の原因となる.

シン-アンチ異性体

それでは,窒素を含む二重結合に関する立体配置異性体について具体的に見てみよう.

C=N 二重結合をもつ分子 **1** について,非共有電子対を含めた構造式は **2** と **3** の 2 種類書くことができる(図 3・11a).二重結合のまわりに回転はできないので,**2** と **3** は異なる分子であり,これらは互いに異性体の関係にある.一つは Y と Z が同じ側にきた **2** であり,もう一つは Y と Z が反対側にきた **3** である.このようなものを**シン-アンチ異性体**(*syn-anti isomer*)という.これは,C=C 結合のシス-トランス異性体に相当するものである.

シン・アンチの命名法

C=N 二重結合に基づく異性体を区別するには，伝統的にシン，アンチを用いることが多い．シン・アンチの命名はシス・トランスのように厳密なものではない．すなわち，"注目する原子団（置換基）"が同じ側にあるかないかで区別する．同じ側にあるものを「シン」，反対側にあるものを「アンチ」という（図 3・11b）．

たとえば，アルデヒドオキシム **4**, **5** ではアルデヒドに由来する水素に注目して，水素と窒素に結合した置換基（ここではヒドロキシ基 OH）が同じ側にあるもの **4** をシンといい，反対側にある **5** をアンチという．しかし，ケトオキシム **6**, **7** ではシン・アンチの区別はできず，相対的な位置関係を表すにとどまる．すなわち，「**6** ではメチル基とヒドロキシ基がシンなのに対して，**7** ではアンチである」というような表現を用いて区別する．

N=N 二重結合をもつジアゾ化合物 **8**, **9** では，シン・アンチの関係は

シン（syn）はギリシャ語で"いっしょ"などの意味をもつ．

ポイント！

C=C 二重結合に関してだけでなく，N=N，C=N 二重結合にも立体配置異性体が存在する．

図 3・11 シン-アンチ異性体

はっきりしている．また，ジアゾ化合物では昔から，シンである **8** をシス形，アンチである **9** をトランス形とよんでいる．

二重結合の回転

すでに図1・6に示したように，C＝C二重結合の結合エネルギーは612 J/molであり，そのうちσ結合は348 J/molであるので，π結合は264 J/molとなる．このためエネルギーを与えて，強度の小さいπ結合を切断すれば二重結合の回転は可能となる．

たとえば，シス-2-ブテンに熱を加えると，723 K（450℃）でトランス-2-ブテンに変化する．これらの分子については，図3・9を参照．

また，光によっても異性化が起こる．網膜上にある視細胞には，光を感受するロドプシンという化学物質が存在している．ロドプシンはある種のタンパク質とレチナール（ビタミンAの一種）から構成されている．レチナールは普通の状態ではシス形になっているが，光が当たるとトランス形に変化する（図1）．このような構造の変化が細胞膜の電位を変化させ，視覚情報として脳に送られる．

いわば，シス形からトランス形への異性化による構造の変化が，"スイッチ"の役割を果たし，視覚を機能させたといえる．

さらに現在では，室温でも二重結合のまわりの回転が容易な分子も見つかっている．

たとえば，アルケンのC＝C二重結合の炭素の一方に2個以上の電子供給基を，もう一方に2個以上の電子求引基を結合した"プッシュ-プル"アルケン **1** があげられる（図2）．この分子は，共鳴効果により窒素がプラスに，カルボニル酸素がマイナスに荷電した構造 **2** をとることができる．そのため，C＝C二重結合性が薄れ，単結合に近づくために，回転障壁が小さくなるので，回転が可能となるのである．

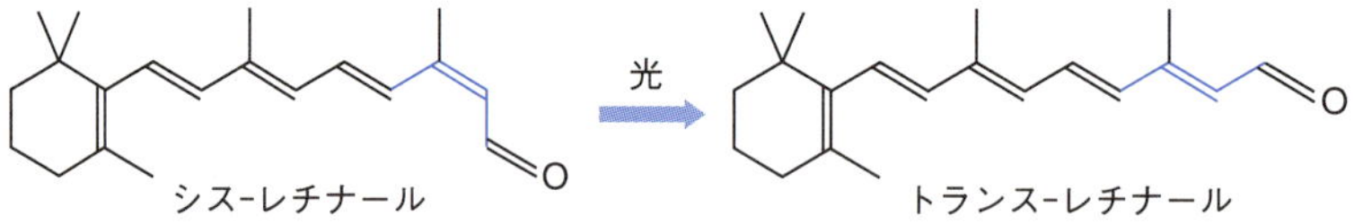

図1　レチナールの光異性化

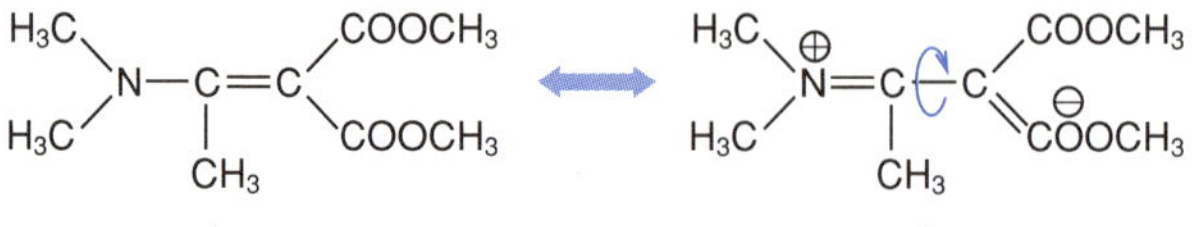

図2　プッシュ-プルアルケンの例

4 環状分子の立体異性

前章では鎖状分子の立体異性について見てきた．つぎに，環状分子の立体異性について見てみることにする．炭素骨格による閉じた環構造をもつ，いわゆる環状分子においても C−C 単結合のまわりの回転は可能であるので，鎖状分子と同様に立体配座異性体が存在する．ただし，環状分子の C−C 単結合の回転は環構造により制限されるので，鎖状分子ほど自由ではない．また，環構造をもつゆえに現れる立体異性も存在する．

ここでは，いくつかのシクロアルカンを例にとって，それらの立体異性について見てみよう．

1. シクロアルカンの構造

シクロアルカンの構造は立体異性を考えるうえで重要となるので，これらの構造がどのようになっているのか見てみよう．

分子の構造とひずみ

シクロアルカン（cycloalkane）は炭素環が単結合のみで構成されている環状炭化水素の総称である．ところで，シクロアルカンはどのような構造をしているのだろうか？ 普通に考えると，炭素数3のシクロプロパンは正三角形，炭素数4のシクロブタンは正方形，炭素数5のシクロペンタンは正五角形，炭素数6のシクロヘキサンでは正六角形となるだろう．

しかし，環状分子の C−C 単結合も制限はあるが回転は可能であるので，

> **ポイント！**
> ひずみは分子の構造を決める重要な要素である．ひずみには，①ねじれひずみ，②立体ひずみ，③結合角ひずみがある．

それらの構造を推測することは簡単ではない．

分子の構造を考えるうえで重要な要素として，"ひずみ"がある．環状分子は少なからずひずみをもっており，そのひずみをできるだけ小さくするような構造をとることがわかっている．

前章では，ねじれひずみと立体ひずみについてふれたが，シクロアルカンのような環状分子の構造を考えるうえで，もう一つ重要なものに結合角ひずみというものがある．

以下では，これらのひずみが構造にどのような影響を与え，シクロアルカンがどのような構造になっているのかを見てみよう．

シクロアルカンの構造

シクロアルカンでは炭素の sp^3 混成によって環を構成する C−C 単結合を形成する．sp^3 混成の炭素による C−C−C 結合角は 109.5°であり，これは正四面体の角度に相当する（図 1・10 参照）．この理想的な 109.5°という結合角から値がずれるほど，**結合角ひずみ**（angle strain）は大きくなる．

シクロプロパン C_3H_6　3個の炭素で構成されるシクロプロパンの環構造は正三角形以外には考えられない．しかしながら正三角形の内角は 60°であるので，理想的な正四面体角の 109.5°からはかなりずれている（図 4・1a）．そのため，シクロプロパンは非常に大きなひずみをもつ．

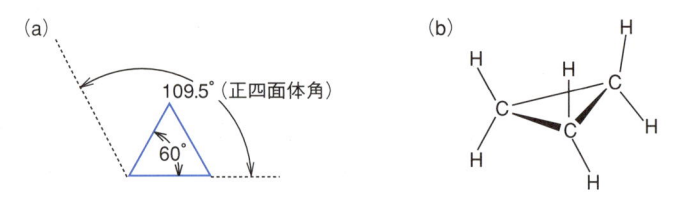

図 4・1　シクロプロパンの結合角（a）および構造（b）

そこで鎖状分子のところで見たように，シクロプロパンにおいてもC−C 結合を回転させて構造を変化させ，ひずみを小さくすることができればよい．しかしながら，シクロプロパンの構造は正三角形に限定される

ので，すでに図1・15で見たように，結合を大きく曲げるという特殊な方法をとって，その構造を維持している．さらに，シクロプロパンの水素は重なり形になるので（図4・1b），ねじれひずみが生じる．

以上のことから，シクロプロパンは大きな結合角ひずみとねじれひずみをもつ分子であることがわかる．

このため，シクロプロパンは不安定な分子であり，高い反応性をもつ．

シクロブタン C_4H_8　炭素4個から構成されるので，正方形であると予想されるが，実際はちょっと違う結果になっている．正方形の内角は90°であるので，結合角ひずみはシクロプロパンに比べて小さい．しかしその一方で，重なり形の水素の数が増えるので，ねじれひずみは大きくなる．この結果，シクロブタンはシクロプロパンと同程度のひずみをもつ．

シクロプロパンとは異なり，シクロブタンの四員環はC−C結合の回転によって構造が変化できるので，その結果として"折れ曲がった"構造をとるようになる（図4・2）．

環が折れ曲がることにより，実際にはねじれひずみは減少するが，結合角ひずみは少し増大する．

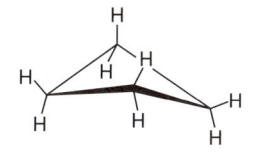

図4・2　シクロブタンの構造．
隣合うC−H結合は完全な重なり形ではない．

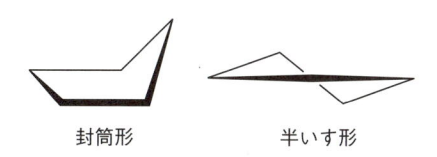

図4・3　シクロペンタンの構造

封筒形　　半いす形

シクロペンタン C_5H_{10}　正五角形の内角は108°なので理想的な正四面体角109.5°とほぼ同じであり，結合角ひずみは非常に小さい．このことから，シクロペンタンは正五角形の構造になると予想される．しかし，この場合には重なり形の水素がさらに増えるので，より大きなねじれひずみをもつ．そこで，これらの二つのひずみがバランスをとりあって，図4・3に示したような安定な配座をとる．一つは4個の炭素が同一平面にあり，残りの1個が平面の上あるいは下に位置する"封筒形"，もう一つは3個の炭素が同一平面にあり，残りの2個が平面の上と下にある"半いす形"である．

シクロアルカン C_nH_{2n} のひずみについてまとめると，つぎのようになる．シクロプロパン（$n=3$），シクロブタン（$n=4$）のひずみによるエネルギーはシクロペンタン（$n=5$）に比べてかなり大きい．シクロヘキサン C_6H_{12}（$n=6$）はひずみをもたない．それより大きい環である $n=7\sim13$ のときはある程度のひずみをもつが，逆に $n=14$ 以上になるとひずみはなくなる．

ポイント！
シクロアルカンは分子のもつひずみのために，平面構造ではなく，立体的な構造をとっている．

2. シクロヘキサンの立体配座

ここまで見てきたことから，**シクロヘキサン**（cyclohexane）C_6H_{12} も六角形の平面構造ではなく，なんらかの立体的な構造をとることが容易に想像できるだろう．

いす形配座

シクロヘキサンでは**いす形配座**（chair conformation）が最も安定な立体配座である（図4・4）．いす形の C−C−C 結合角は 111.5°であり，これは理想的な正四面体角 109.5°とほとんど同じである．さらに図から，いす形はエタンにおける最も安定なねじれ形配座と同じであることがわかる．以上のことから，これまでに見たシクロアルカンとは異なり，いす形配座のシクロヘキサンはひずみをもたない非常に安定した分子となっている．そのため，後述するステロイドなどシクロヘキサン環を含む分子が自然界には多く見られる．

> **ポイント！**
> シクロヘキサンは環状分子の立体異性を理解するための典型的なモデルであるので，しっかりと頭にプリントしておこう．

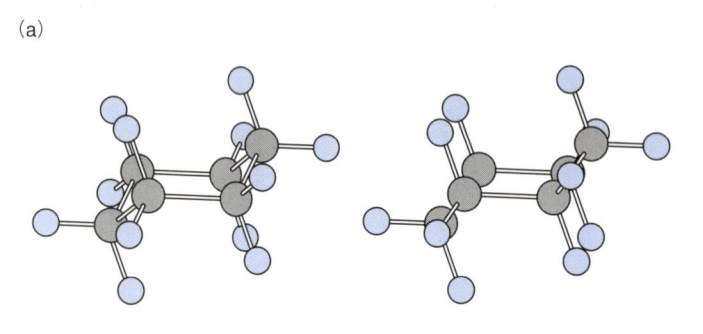

図4・4 シクロヘキサンのいす形配座．(a) ステレオ図，(b) 構造式，(c) ニューマン投影式．(b)の矢印方向から見たもの．

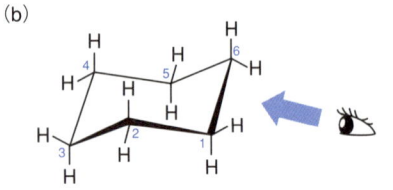

立体配座の相互変換

シクロヘキサンでは図4・5に示すいす形からもう一つのいす形への変換，つまり**環の反転**（ring inversion）が起こる．この環の反転において

環の反転は1秒間に10万回以上起こっているといわれている．

4. 環状分子の立体異性　57

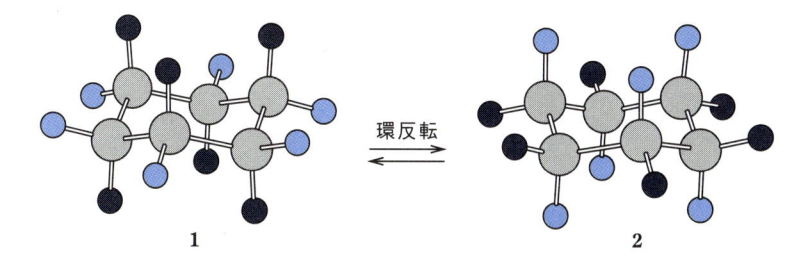

図 4・5　いす形の環の反転.　水素にはアキシアル水素とエクアトリアル水素の2種類がある．詳しくは「3. いす形シクロヘキサンの立体的な環境」を参照.

は，いくつかのタイプの立体配座が関与し，しかもいくつかの経路を通って行われる．ここでは，典型的な経路に登場する立体配座および，それらの立体配座とエネルギーの関係を図 4・6 に示した．

いす形の4個の炭素が平面上に並び，残りの炭素を面の上下にくるよう

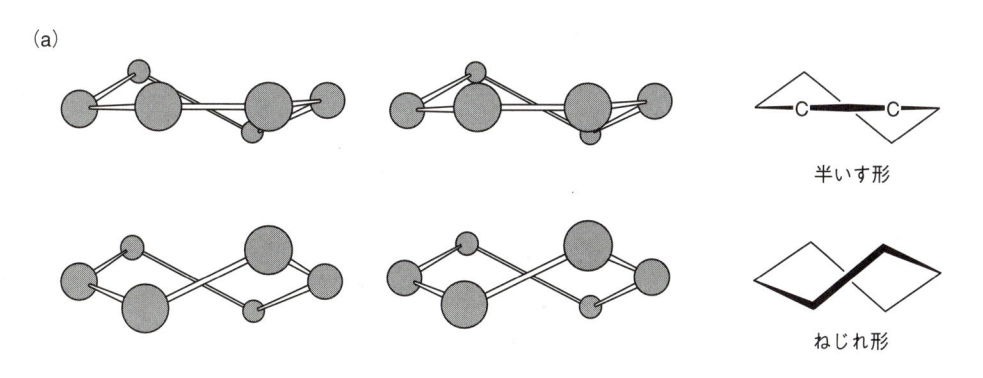

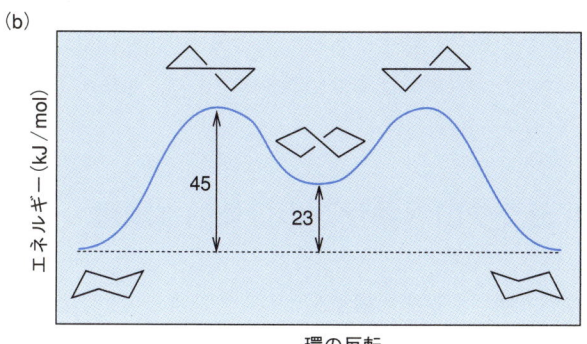

(a)

半いす形

ねじれ形

(b)

図 4・6　いす形の環の反転と立体配座.（a）環の反転経路で見られる立体配座の例．環の炭素原子のみを示したステレオ図，（b）立体配座とエネルギーの関係

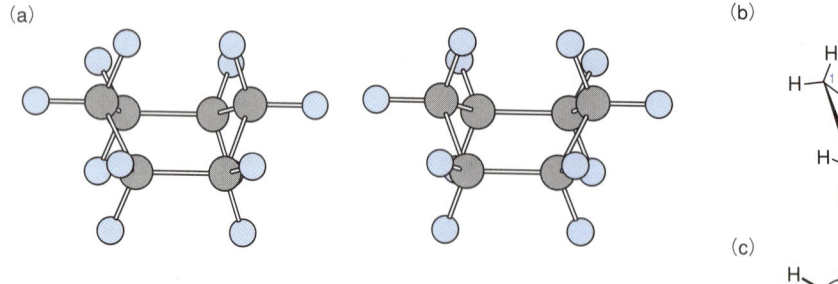

図4・7 シクロヘキサンの舟形配座. (a) ステレオ図, (b) 構造式, (c) ニューマン投影式. (b) の矢印の方向から見たもの.

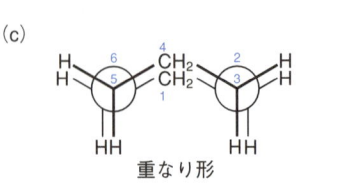

舟形は, たとえばねじれ形からねじれ形への変換のときなどの "遷移状態" として現れる. シクロヘキサンの環の反転に関する記述で, 以前はいす形→舟形→いす形という記述がよく見られたが, これは誤解を与えかねないので注意しよう.

に動かすと, **半いす形**（half-chair）になる. 半いす形は山の頂上, つまり "遷移状態" に相当するので, 高いエネルギーをもち非常に不安定な配座となる. そのため, 半いす形を単離することはできない. この不安定さはC-H結合が重なり形であり, さらに平面構造をとっていることによる二つのひずみ（ねじれ＋結合角）からくるものである.

さらに, 半いす形は**ねじれ形**（twist）に変換する. ねじれ形はC-H結合がねじれることで, ある程度のひずみを解消しているのでエネルギーは低くなり, 山と山の間の谷に位置する "中間体" として存在する. そのため, 単離することは可能であるが, 高エネルギーのために容易ではない.

図4・7に示したおなじみの**舟形**（boat）はいす形からいす形への変換の過程で必ず見られるものではない.

舟形ではいす形と同様に結合角ひずみはもたないが, 重なり形配座によるねじれひずみのほかに, 船首と船尾にある水素どうしの相互作用による立体ひずみをもつ. このため, 舟形は非常に不安定であり, 単離することはできない.

3. いす形シクロヘキサンの立体的な環境

ここでは, シクロヘキサンがいす形構造をとることによって生じる立体的な環境について見てみよう.

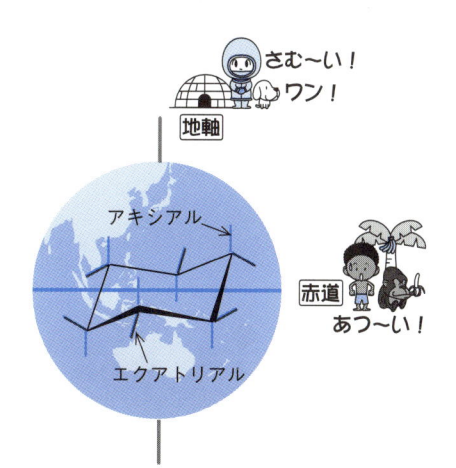

アキシアルとエクアトリアル

すでに示した図4・5を見ると、シクロヘキサンのC–H結合には2種類あることがわかる。ここで、シクロヘキサンの構造を地球と重ねあわせてみよう（図4・8）。そうすると、C–H結合の一つのタイプは地球の軸方向（axial），つまり上下に出ていることがわかる。この方向を**アキシアル**という。もう一つのタイプは赤道方向（equatorial），つまりほぼ水平に出ており，この方向を**エクアトリアル**とよぶ。

各炭素にはアキシアル結合とエクアトリアル結合が1個ずつ存在している（図4・8）。環をほぼ平面とみなすと，アキシアル結合は環の面に対してほぼ垂直に，しかも上下交互に伸びている。一方，エクアトリアル結合は環の面から少しだけ斜め上と斜め下の方向に交互に伸びている。また，アキシアル結合が上向きであればエクアトリアル結合が環の面の下に，アキシアル結合が下向きであればエクアトリアル結合は環の面の上にあるという関係になっている。

> **ポイント！**
> シクロヘキサンのC–H結合にはアキシアルとエクアトリアルの2種類がある。

図4・8 アキシアルとエクアトリアル

環の反転による相互変換

それでは，環の反転によってアキシアル水素とエクアトリアル水素はどのようになるだろうか。

図4・5で示したように，いす形**1**からもう一つのいす形**2**への変換によって，すべてのアキシアル水素はエクアトリアル水素に，すべてのエク

アトリアル水素はアキシアル水素になる．

このように，アキシアル水素とエクアトリアル水素は固定されたものではなく，環の反転によって相互に変換することがわかる．

一置換シクロヘキサンの相互変換

いす形からもう一つのいす形への相互変換は速やかに起こり，両方のいす形にエネルギー的な差は存在しない．ここで，水素1個をメチル基 CH_3 に置き換えたら，どうなるだろうか？

この場合，メチル基がアキシアル位にあるときとエクアトリアル位にあるときでは，同じいす形でもエネルギー的に差が生じる．これは，なぜだろうか？

図 4・9 に示すように，メチル基がアキシアルのメチルシクロヘキサンでは C_1 についたメチル基の水素は C_3 と C_5 についた水素と接近するために反発しあい，立体ひずみが生じる．このような立体ひずみを **1,3-ジアキシアル相互作用**（1,3-diaxial interaction）という．これがメチルシクロヘキサンの二つの配座にエネルギー的な差が生まれる原因となっている．このため，メチル基がアキシアルにあるほうがエネルギーは高くなるので，メチルシクロプロパンはより安定なエクアトリアルの形で存在することになる．

アキシアルのメチルシクロヘキサンはブタンのゴーシュ形と同じ配座をとっている（図 3・6 参照）．
アキシアルとエクアトリアルのエネルギー差は 7.6 kJ/mol である．

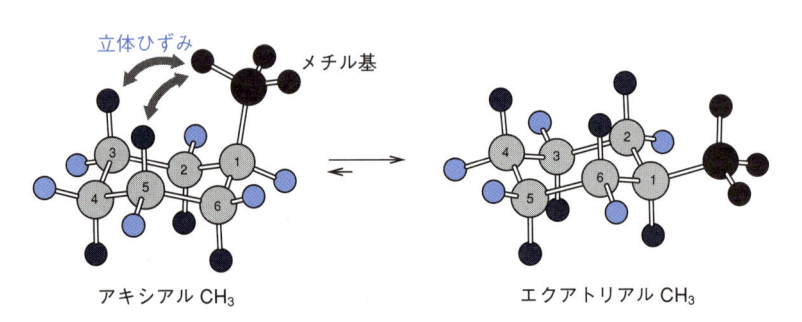

図 4・9　メチルシクロヘキサンの 1,3-ジアキシアル相互作用

さらに，メチル基よりもかさ高いエチル基 C_2H_5 などに置換すると，立体ひずみは増加することがわかっている．

4. 二置換シクロヘキサンの立体異性

3章では，二重結合をもつ鎖状分子におけるシス-トランス異性体についてふれた．環状分子では環を開裂しないかぎりC-C単結合を自由に回転することはできないので，シス-トランス異性体が生じる．

1,2-二置換シクロヘキサンのシス-トランス異性体

環状分子では，同じ置換基が環の面の同じ側にあるものを"シス"，反対側にあるものを"トランス"という．ここでは，いす形シクロヘキサンの1,2-二置換シクロヘキサンを例にとって見てみよう．

1はC_1のメチル基がエクアトリアル，C_2のメチル基がアキシアルにあり，**2**はC_1のメチル基がアキシアル，C_2のメチル基がエクアトリアルにある（図4・10a）．両者ともに環の面の同じ側（上側）にあるので，"シス形"となる．

3は，C_1，C_2のアキシアル位にメチル基が結合したものである（図4・10b）．2個のメチル基は互いに環に対して上下方向に出ているので，"トランス形"である．**4**は，C_1，C_2のエクアトリアル位にメチル基が結合したものである．2個のメチル基は互いに環の面の両側に存在しているので，これも"トランス形"である．

ポイント！

二置換シクロアルカンには，シス-トランス異性体が存在する．

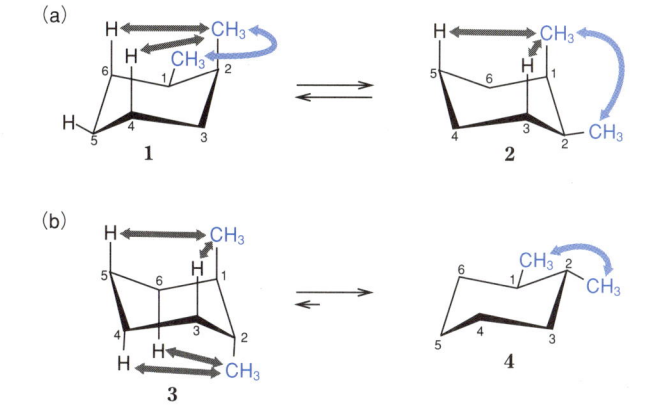

図4・10 ジメチルシクロヘキサンのシス-トランス異性体．(a) シス形，(b) トランス形．水素はメチル基と相互作用のあるものだけを示した．

シクロヘキサンでは，水素がアキシアル・エクアトリアルかどうかにかかわらず，隣りどうしであるかないかにかかわらず，環の面の同じ側にある水素どうしはシスの関係に，環の面の反対側にある水素どうしはトランスの関係にある．

以上のように，いす形の1,2-メチルシクロヘキサンでは，メチル基がアキシアルどうし，あるいはエクアトリアルどうしでは"トランス形"になる．その一方で，メチル基がアキシアルとエクアトリアルの関係にあるものは，"シス形"になる．

二置換シクロヘキサンの相互変換

ここでは，1,2-ジメチルシクロプロパンのいす形の環の反転において，2個のメチル基が及ぼす影響について見てみよう．

図4・10(a)に示したように，シス形では両方とも2個のメチル基の一つがアキシアル，もう一つがエクアトリアルなので，同じ相互作用をもたらし，エネルギー的には等しい．そのため，相互変換は容易に行われている．

一方，図4・10(b)に示したように，トランス形では2個のメチル基がともにエクアトリアルであるものと，ともにアキシアルであるものとがある．エクアトリアル4のものはメチル基どうしの相互作用（ブタンのゴーシュ形と同じもの）のみであるが，アキシアル3のものでは四つのジアキシアル相互作用が見られる．このため，トランス形では2個のメチル基がエクアトリアルであるものが，アキシアルであるものよりもエネルギーが低く安定であり，ほとんどがジエクアトリアル配座で存在している．

5. 多環状分子の立体異性

これまでは，一つの環構造をもつ分子について見てきた．ここでは，二つ以上の環構造をもつ多環状分子の立体異性について見てみよう．

二つの環の接合部分にある炭素を橋頭炭素という．

デカリン

デカリン（decalin）$C_{10}H_{18}$は，2個のシクロヘキサン（六員環）があわさってできた環状分子である．

デカリンには環の接合部の水素（橋頭炭素に結合した水素）の立体配置によって，トランス形とシス形がある．図4・11(a)は接合部の2個の水素は環の上下両方の面にあるので，"トランス形"である．トランス-デカ

リンではいす形配座の環の接合部の C–C 結合は固定されて回転できないので，環を反転させることはできない．

一方，図 4・11 (b) は接合部の 2 個の水素は環の同じ面上にあるので，"シス形"である．シス形では接合部の C–C 結合は回転できるので，図に示したような環の反転が可能である．

トランス-デカリンとシス-デカリンでは，立体反発のためにトランス-デカリンのほうが安定であることが知られている．

ポイント！

多環状分子にもシス-トランス異性体が存在する．

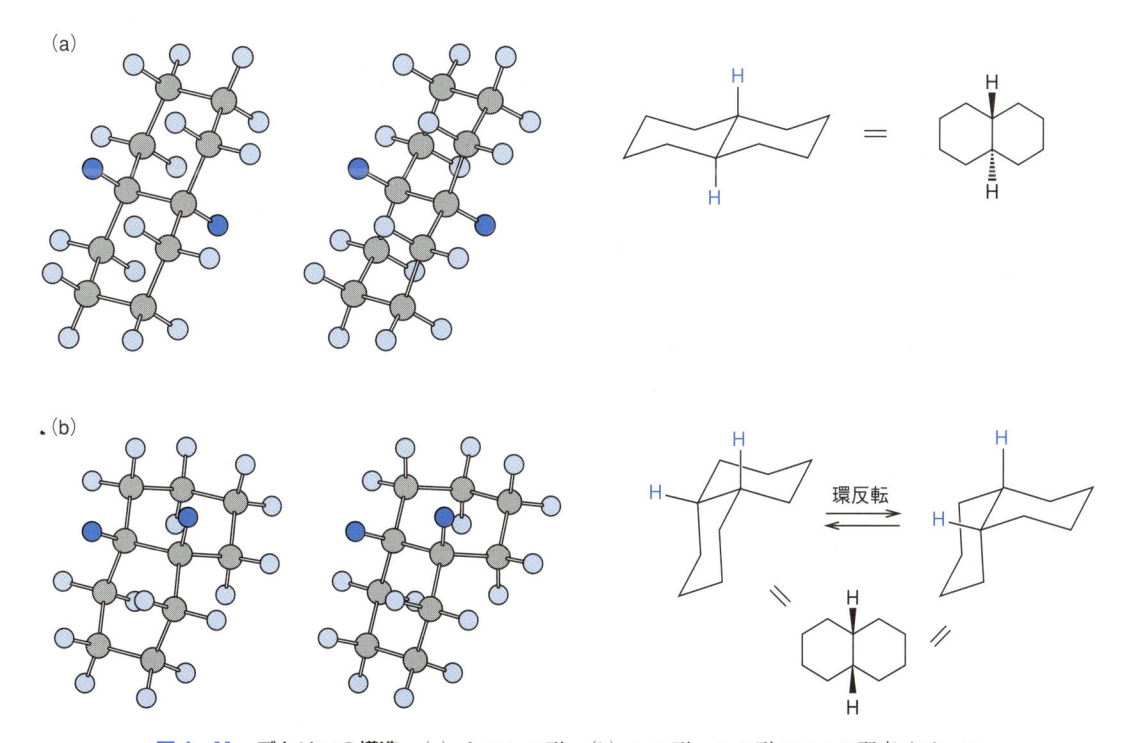

図 4・11　**デカリンの構造**．(a) トランス形，(b) シス形．シス形の二つの配座は互いにエナンチオマーである (5 章参照)．

ステロイド

ステロイド (steroids) とよばれる一群の化合物が天然に存在する．ステロイドには性ホルモンやコレステロールなどがある (図 4・12)．ステロイドは三つの六員環 (シクロヘキサン環) と一つの五員環が縮合してで

このような炭素骨格をステロイド骨格という．

例外として，胆汁酸は A/B 接合部はシスの関係になっている．

きたものである．

ステロイド骨格の構造を図 4・12 に示した．ほとんどのステロイドでは，四つの環すべては互いにトランスの関係になっている．そのため，全体として平面的な構造をとっている．そして，環の接合部にある水素，もしくはメチル基は互いにトランスの関係になっている．

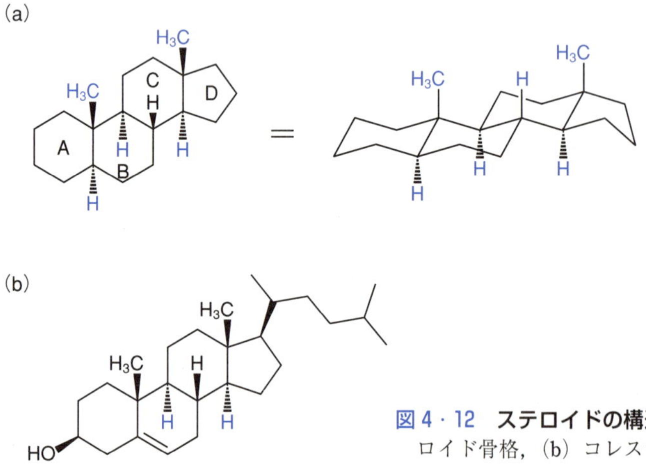

図 4・12　ステロイドの構造．（a）ステロイド骨格，（b）コレステロール

6. 架橋された環状分子の立体異性

ここでは，かご状の形をもつ架橋された環状分子の立体異性について見てみよう．

架橋された環状分子

構造式 **1** は 2 個の五員環が縮合したできた分子である．すなわち，環 $C_1-C_2-C_3-C_4-C_7$ で 1 個の五員環，$C_1-C_6-C_5-C_4-C_7$ でもう 1 個の五員環を形成している．2 個の五員環の接合部分では，3 個の炭素 C_1，C_7，C_4 が共有されている（図 4・13）．

構造式 **2** は 2 個の六員環が縮合してできた分子である．2 個の六員環の

接合部分では，4個の炭素 C_1, C_7, C_8, C_4 が共有されている（図4・13）．

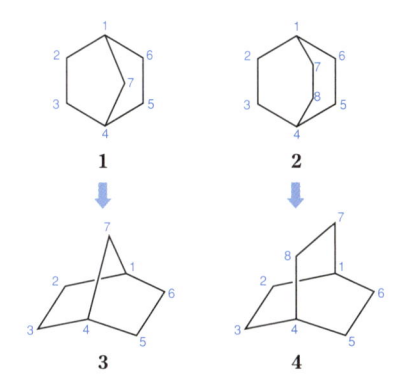

図4・13 ビシクロ化合物の構造

構造式 **1**, **2** からではよくわからないが，このように架橋された二環状分子は，かご状の立体的な構造をもつ．構造式 **3** は **1** を立体的に表現したものであり，同様に **4** は **2** を立体的に表現したものである．

エンドとエキソ

構造式 **3** に水素をつけて表したものが，**5** である（図4・14）．これら水素のある位置はビシクロ骨格に対して，二通りあることがわかる．ビシクロ骨格は屋根に見立てることができ，屋根の内側にあるものを**エンド**(endo)，外側にあるものを**エキソ**(exo) という．

2個以上の原子を共有する二つの環をもつ炭化水素を"ビシクロ化合物"という．分子 **3** はビシクロ[2.2.1]ヘプタン，分子 **4** はビシクロ[2.2.2]オクタンと命名される．炭素数が同じである直鎖状分子の名称のまえに，ビシクロをつける．[ ]内の数字は，橋頭炭素 C_1, C_4 を3本の炭素橋で結んだものとして，炭素橋を構成する炭素の数（C_1, C_4 は除く）を大きい順に示したものである．分子 **1** では右側の橋は2個，真ん中の橋は1個，左側の橋は2個となる．図4・11のデカリンもビシクロ化合物であり，ビシクロ[4.4.0]デカンという．

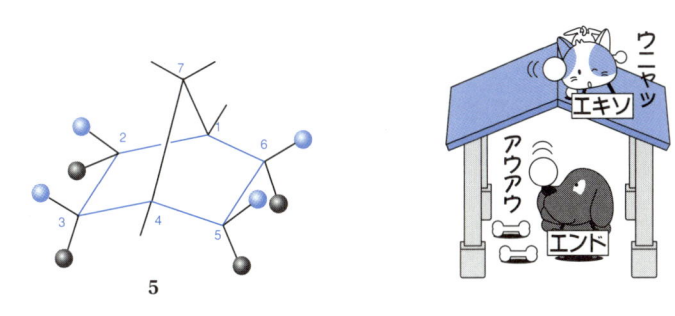

図4・14 エンドとエキソ． ●エキソ，●エンド

エンド‐エキソ異性体

つぎに，C_5位に結合した水素1個を置換基Xに変換した分子を見てみよう．図4・15に示したように，分子**6**では置換基Xが屋根の内側にあるエンドとなり，分子**7**は屋根の外側にあるのでエキソとなる．これら二つの分子は立体的に異なった分子であり，互いに異性体となっている．そのため，エンド体とエキソ体の物理的・化学的性質は異なる．

構造式**8**, **9**はC_5, C_6に2個の置換基Xがついたものである．どちらの場合にも，2個の置換基は同じ側に結合しているのでシス形である．しかし，置換基にはエンド（**8**）とエキソ（**9**）の違いがある．そのため，**8**をシス‐エンド置換体，**9**をシス‐エキソ置換体という．

構造式**10**, **11**では2個の置換基はトランスの関係にある．**10**と**11**は同じ分子のように見えるが，実は互いに異性体（エナンチオマー）である．エナンチオマーに関しては，次章で詳しく見ることにしよう．

ポイント！
これまで見てきたように，環状分子にもさまざまな立体異性が存在する．

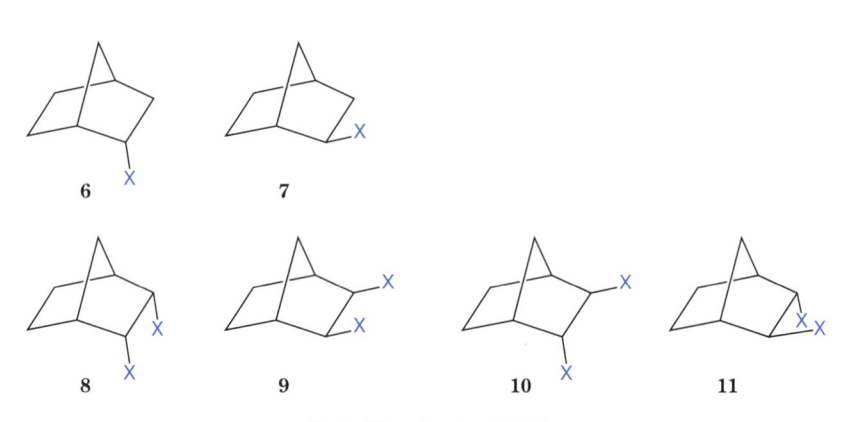

図4・15　ビシクロ置換体

5 立体配置異性体──エナンチオマー

これまで立体配置異性体については，シス-トランス異性体のみを見てきた．ここでは，立体配置異性体のなかでも，有機立体化学にとって最も重要であるエナンチオマーについて見てみることにしよう．

1. エナンチオマーってどんなもの

エナンチオマーは鏡に映った右手と左手の関係にある異性体である．ここでは，エナンチオマーがどのようなものであるのかを見てみよう．

分子を鏡に映してみる

鏡に映った自分の像と握手をしようと近づいてみる．右手を差し出せば，鏡の中の自分は左手を差し出す．今度は，左手を差し出してみる．すると，その像は右手を差し出す．このようなとき，「鏡の中には，自分と同じ姿をしている別人がいるのではないか」という奇妙な感じを覚えたことはないだろうか．そして，自分（実像）と鏡に映る姿（鏡像）は決して重ねあわせることはできない．

このようなことが，分子の世界でも起こる．図5・1には，1個の炭素にすべて異なる原子（置換基）がついた分子を鏡に映したときの様子を示したものである．

ここで分子Aと鏡に映った分子Bは，結合を切断して原子の配置を変えないかぎりは，決して重ねあわせることができないので，互いに立体配

エナンチオマーはギリシャ語で「反対」という意味である．

ポイント！
エナンチオマーは鏡像関係にある異性体のことをいう．

置異性体であることがわかる．これは，右手と左手の鏡像関係と同じである．そのため，このような関係にあり，重ねあわせることのできない一対の分子を**エナンチオマー**（enantiomer, **エナンチオ異性体**, **鏡像異性体**）という．

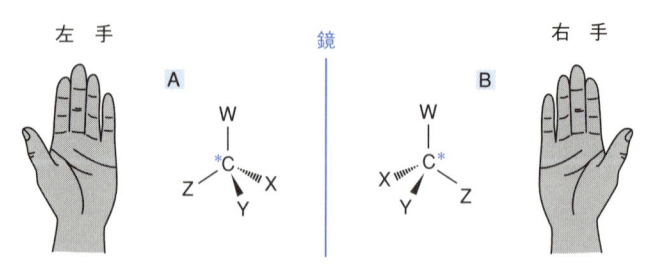

図5・1　エナンチオマー．＊は不斉炭素原子（キラル中心）

図5・1の分子では炭素にすべて異なる原子（原子団）がついている．このような炭素を**不斉炭素原子**（asymmetric carbon atom）という．エナンチオマーになる条件の一つに，分子が不斉炭素をもつことがあげられる．

エナンチオマーでは，互いの物理的・化学的性質は同じであるが，後述するような光学的性質や生理作用（生物学的性質）が異なるという特徴をもつ．このため，エナンチオマーを**光学異性体**（optical isomer）ということもある．

ただし，現在では光学異性体という言葉の使用は推奨されていない．

キラリティー，キラル

ここでは，もう少し範囲を広げて，鏡像関係について見てみよう．

右手と左手のような鏡像関係は日常で多く見られる．ここで，実像と鏡像が重ねられない性質を**キラリティー**（chirality）といい，そのような性質をもつ物体を**キラル**（chiral）であるという．反対に，実像と鏡像が重なりあう物体を**アキラル**（achiral）であるという．

図5・2は日常の中で見られるキラルとアキラルの例を示した．手と同様に，足もキラルである．さらには，手袋，靴もキラルであるし，足に履いた靴下もキラルである．（ただし，履いていない靴下はふつうはアキラ

キラルはギリシャ語で"手"を意味する．

5. 立体配置異性体——エナンチオマー　69

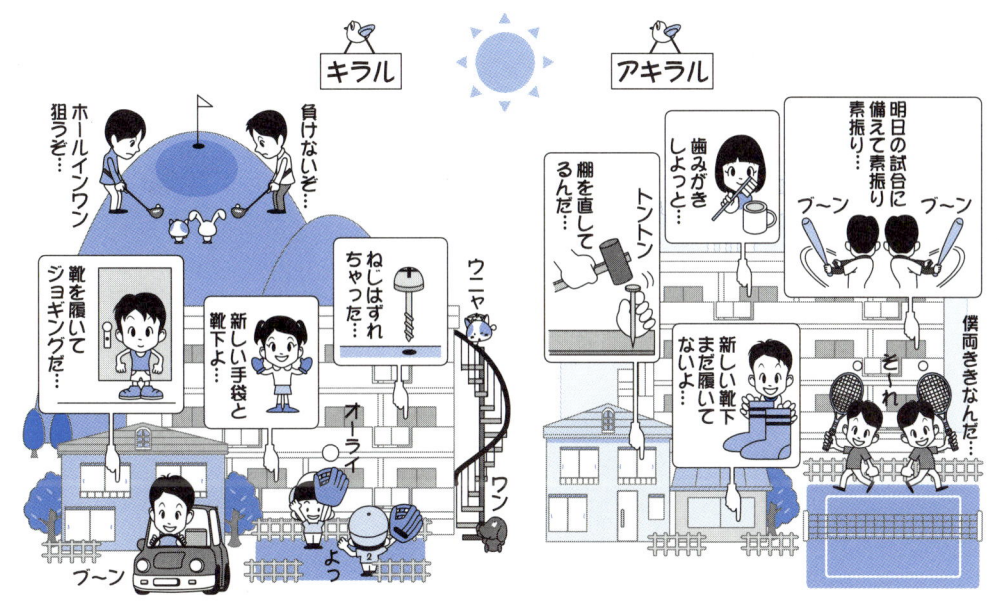

図5・2　キラルとアキラル

ルである．）自動車はハンドルなどがついているため，キラルである．

　ゴルフクラブや野球のグローブなどは利き手専用のものを使用するのでキラルであるが，テニスラケットやバットは利き手にこだわらず使用できるのでアキラルである．さらにはねじはキラルであり，くぎはアキラルである．コップや歯ブラシはアキラルである．らせん階段はキラルである．

　このように例をあげたら切りはない．それでは，物体がキラルであるかどうかを判断するには，どのようにすればいいのだろうか？

　物体がキラルかどうかを判断する一般的な基準として，対称面がある．物体が対称面をもたなければ"キラル"であり，対称面をもてば"アキラル"になる．

　これを分子の世界に適用すると，不斉炭素をもつ分子は対称面をもたないので"キラル"であるといえる*．逆に，不斉炭素をもたない分子は対称面をもつので，"アキラル"であるといえる（図5・3）．ここで，キラルとなる要素である不斉炭素を**キラル中心**（chiral center）あるいは**立体中心**（steric center）という．

＊この説明は正確ではないので書き換えると，「不斉炭素（キラル中心，立体中心）を"一つだけ"もつ分子はキラルである」ということになる．"一つだけ"と強調したのは，実はキラル中心を二つ以上もつ分子は必ずキラルとはならない場合があるからである．さらにキラル中心をもたない分子でもキラルなものがある．図5・2のらせん階段はキラル中心をもたないがキラルである例の一つである．これらのことについては，後の章で解説する．

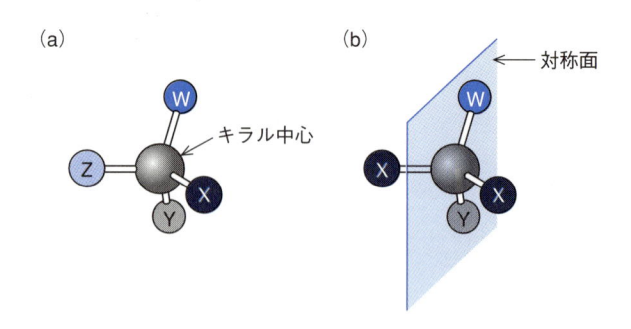

図5・3 **キラルな分子とアキラルな分子**.（a）キラルな分子は対称面をもたないが，（b）アキラルな分子は対称面をもつ．

2．エナンチオマーの光学的性質

エナンチオマーは物理的・化学的性質は同じであるが，光学的性質と生理作用が異なる．ここでいう光学的性質とはどのようなものであるのか見てみよう．

光

> 電場と磁場は空間や物質内を周期的に変化する波として伝わる．この波を"電磁波"という．

光は電磁波であり，光の速度 c は波長 λ と振動数 ν の積で表される．

$$c = \lambda\nu \tag{5・1}$$

さらに，光のもつエネルギーは振動数に比例し，波長に反比例する．

$$E = h\nu = \frac{hc}{\lambda} \tag{5・2}$$

> 電磁波の波長：紫外線＜可視光線＜赤外線
> エネルギーの大きさ：紫外線＞可視光線＞赤外線

ここで，h はプランク定数である．上式からわかるように，光は波長が短いほどエネルギーは大きく，波長が長いほどエネルギーは小さい．

偏 光

光はある決まった方向（面内）で振動する電磁波であり，普通の光はあらゆる方向に振動している光の集合体といえる．このような光を偏光子（スリット，フィルター）に通すと，振動面が特定の方向にそろった光だけを取出すことができる（図5・4）．このような光を**偏光**（polarized light）

あるいは**平面偏光**（plane polarized light）といい，偏光の振動面を**偏光面**（plane of polarization）という．

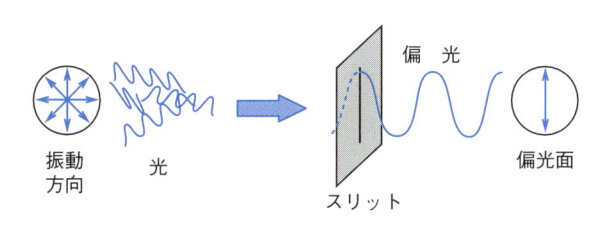

図 5・4　偏光の様子

旋　光

　一組のエナンチオマーに偏光を透過させると，それぞれに固有の角度で偏光面が回転する（図 5・5a）．このような現象を**旋光**（optical rotation）という．このとき，旋光を引き起こす分子は**光学活性**（optical activity）であるという．

　さらに，この回転の角度を**旋光度**（angle of rotation）α という．光学活性分子の溶液の旋光度は，光学活性分子の濃度 c，測定セルの大きさ（光

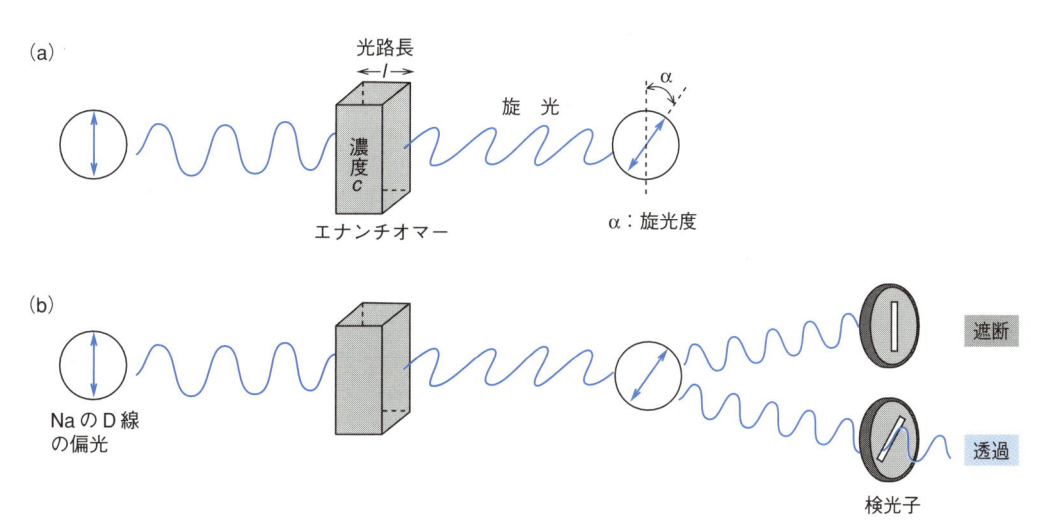

図 5・5　旋光および旋光度の測定

*T*は測定温度，λは測定に用いた光の波長である．通常は，ナトリウムランプから放出される黄色い光のD線（波長 589.6 nm）が用いられている．

路長 *l*）などによって異なる．そのため，旋光度は 1 g/100 mL の溶液で光路長 10 cm のセルを用いたときの**比旋光度**（specific rotation）$[\alpha]_\lambda^T$ によって表すことになっている．

旋光度の測定

図 5·5(b) は旋光度の測定装置の概念図である．光源から出た偏光が試料溶液を透過し，測定器に到達する．測定器には検光子（スリット）があり，旋光面と検光子の方向が一致すると旋光がスリットを通り，測定者の目に入る．したがって，透過光が目に入るように検光子を回転すれば，旋光度がわかることになる．

エナンチオマーの旋光度

右旋光性・左旋光性の定義は観測者から見た場合のものなので，相対的なものである．

エナンチオマーどうしは偏光面を同じ大きさで，逆方向に回転させることがわかっている（図 5·6）．偏光面を時計回りに回転させる性質を右旋光性といい，(＋) をつけて表す．一方，反時計回りに回転させる性質は左旋光性といい，(－) をつけて表す．

たとえば，乳酸は偏光面を時計回りに 3.8° 回転させるものと，反時計回りに 3.8° 回転させるものがある．

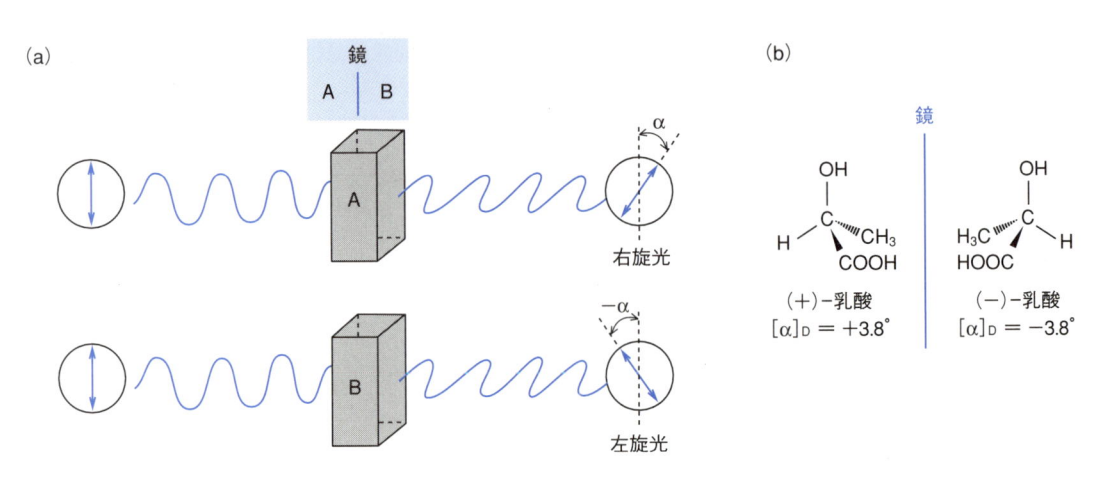

図 5·6 　一組のエナンチオマー A，B の旋光度（a）および乳酸の旋光度（b）

5. 立体配置異性体——エナンチオマー

以上のように，一組のエナンチオマーでは旋光という光学的性質が異なるのが特徴となっている．

ポイント！
エナンチオマーでは偏光面を同じ大きさで回転させるが，その方向が逆になるという異なる性質をもつ．

3. ラセミ体

エナンチオマーの混合物溶液で旋光性を示さないことがある．これはなぜだろうか？

ラセミ体

すでに見たように，エナンチオマーどうしの比旋光度ではその値は同じであるが，符号が異なる．そのため，これらをそれぞれ等しい量だけ混ぜると，光学活性は消失する．つまり，光学不活性になる．このような混合物を**ラセミ体**（racemic modification）という．

エナンチオマー過剰率

ラセミ体はエナンチオマーどうしが 1：1 の同じ割合で混合しているので，光学不活性である（図 5・7）．一方，エナンチオマーの混合物でもそれぞれの割合が異なれば光学活性を示すので，測定した比旋光度から混合物の割合を求めることができる．

たとえば，乳酸のエナンチオマー混合物の溶液の比旋光度を測定したら，+1.6 であったとする．この値は純粋な右旋光性の（＋）-乳酸の +3.8 の半分であるので，その溶液には（＋）-乳酸が 50 %，ラセミ体が 50 %（つまり（＋）-乳酸が 75 %，（－）-乳酸が 25 %）含まれていることがわか

ポイント！
比旋光度からエナンチオマー混合物の割合を求めることができる．

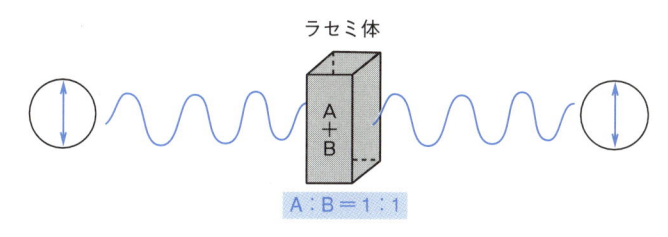

図 5・7 ラセミ体

ラセミ体ではどちらも同じ 50 % の存在率であるから，エナンチオマー過剰率は 50 − 50 = 0（%）となる．それに対して A：B = 3：1 の場合には，75 % − 25 % = 50 % のエナンチオマー過剰率となる．

このようなエナンチオマーの混合物の割合を表すものに**エナンチオマー過剰率**（enantiomeric excess）がある．これは（5・3）式で表され，上記の場合のエナンチオマー過剰率は 50 % となる．

$$\text{エナンチオマー過剰率}（\%）= \frac{（\text{A のモル数}）-（\text{B のモル数}）}{（\text{A + B のモル数}）} \quad (5・3)$$

4. エナンチオマーの生理作用

エナンチオマーは互いに光学的性質が異なると同時に，生理作用が異なる．このため，たとえば味や薬理効果に違いが生じる．

味

アミノ酸の一種であるグルタミン酸のナトリウム塩は"うま味"の素であり，広く調味料として利用されている．グルタミン酸は中央の不斉炭素に水素 H，アミノ基 NH_2，カルボキシ基 COOH，置換基 CH_2CH_2COOH が結合したものであり，D 体と L 体のエナンチオマーが存在する（図 5・8）．そのうち，天然に存在するのは L 体に限られ，私たちが"うま味"を感じるのは L-グルタミン酸のナトリウム塩のほうである．一方，D-グルタミン酸のナトリウム塩には"うま味"がない．

グルタミン酸のナトリウム塩を化学的に合成すると，L 体，D 体の両方が混じったラセミ体として生成するが，現在では微生物を使って生物化学的に合成しているので，L 体のみを合成することができる．

D/L 表示については 6 章のコラムを参照．

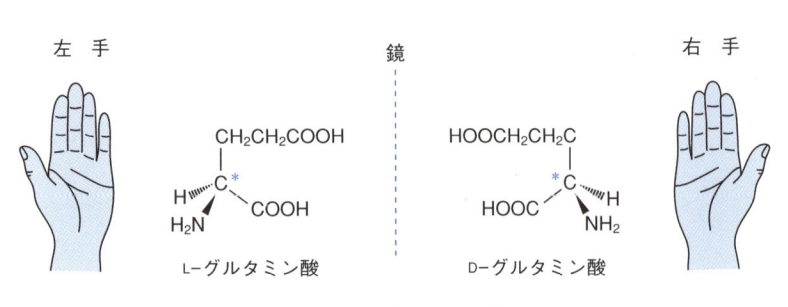

図 5・8　グルタミン酸

薬理効果

　サリドマイドは睡眠薬として開発されたが，妊娠中の女性が服用すると赤ちゃんに奇形が現れるという甚大な副作用をもたらすことが明らかとなった．

　サリドマイドの構造を図5・9に示した．エナンチオマー**A**はすぐれた睡眠薬であり，服用しても問題がない．ところが，合成されたサリドマイドにはもう一方のエナンチオマー**B**も含まれており，こちらが恐ろしい副作用をもたらしたというわけである．このような場合，後述する分割によって純粋な**A**を取出すか，あるいは不斉合成によって**A**だけを選択的にサリドマイドは各国で販売禁止になったが，その後，ある種のがんなどに治療効果のあることがわかった．そのため，安全管理の適正な実施などのもとに，再承認する方向で進んでいる．

Aと**B**は体内で相互変換するため，**A**と**B**の薬理性を的確に判断することは難しい．

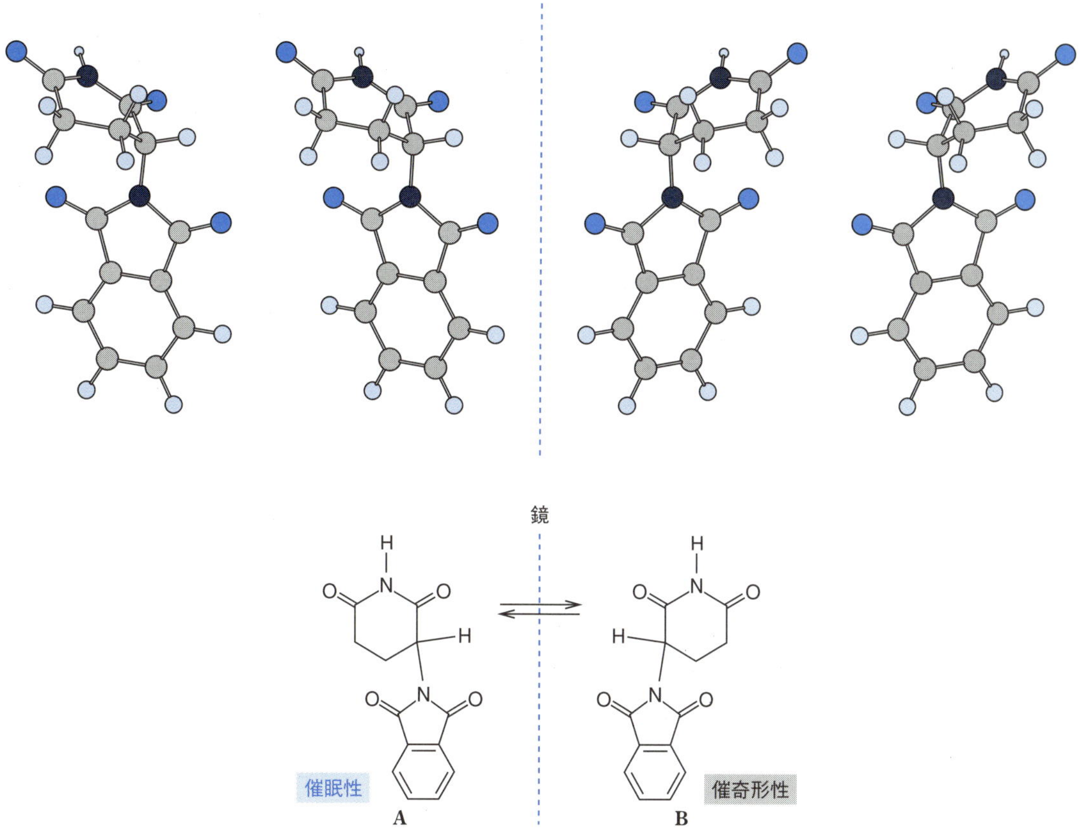

図5・9　サリドマイド

Ⅱ. 基礎的な立体異性体

ポイント！
エナンチオマーでは旋光性とともに，生理作用も異なる．

に合成すれば問題は解決する．

ところが，サリドマイドの場合には問題がさらに複雑であり，安全である **A** を服用しても，体内で **B** に変化してしまうことが明らかとなっている．

5. エナンチオマーの分離

ポイント！
物理的・化学的性質が同じである各エナンチオマーの分離は困難であるが，現在いくつかの有用な方法が開発されている．

自然界には光学活性な物質が多く存在し，しかも通常は一方のエナンチオマーのみが見いだされる．それに対して，実験室で光学活性な物質を合成するとラセミ体が得られる．前節でも見たように，エナンチオマーのどちらか一方のみが薬理効果をもつというような場合がある．そのため，

エナンチオマーにおける生理作用の違い

なぜ，エナンチオマーでは生理作用に違いが生じるのだろうか？ ここでは，ごく単純なモデルを用いて見てみよう．甘みやうま味などの味を感じたり，薬が効果を発揮するには，それらの機能を担う分子が細胞にある受容体に結合することが必要である．味を示す分子や薬剤が受容体に結合すると，受容体の立体構造などが変化し，その作用がシグナルとして伝達される．

図1に示すように，分子が受容体に結合するには，結合部位の形がフィットしなければならない．一方のエナンチオマーは受容体にフィットしてその作用を発揮するが，もう一方のエナンチオマーは受容体にフィットしないので作用が発揮できない．これがエナンチオマーどうしで生理作用に違いの生じる原因となっている．

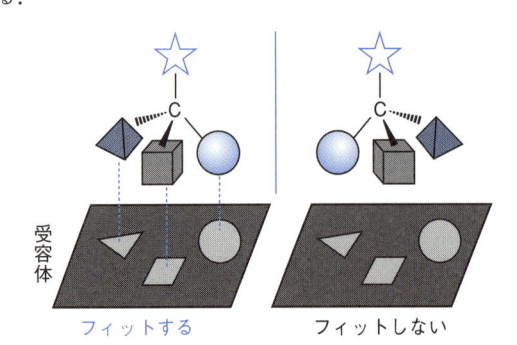

図1 エナンチオマーと受容体の関係

エナンチオマーの一方を選択的につくること（不斉合成）や，ラセミ体を分離する技術（分割）が大切になる．

分割

ラセミ体を各純粋なエナンチオマーとして分離することを**分割**（resolution）という．

エナンチオマーは物理的・化学的性質に違いがないため，互いを分離することが困難である．しかし，医薬品の合成などに分割は欠かせないものであり，いくつかの方法が工夫されている．

光学分割ともいわれるが，現在この用語は推奨されていない．

再結晶

エナンチオマーの研究の歴史において，フランスの化学者パスツールの名前は忘れることはできない．彼は，酒石酸ナトリウムアンモニウム塩のラセミ体の水溶液から，2種類の結晶が得られることを発見した．そして，この2種類の結晶を虫めがねとピンセットで分離した．これが分割の最初の例といわれる．

ここで，一般的な分割の方法を例えを用いながら説明しよう（図5・10）．

一組のエナンチオマー，つまり右手（キラル）と左手（キラル）はこのままでは分離はできない．

① そこで，さらにキラルな試薬と反応させて塩をつくる．このとき，キラルな試薬を右手用のグローブに例えてみよう．すると，右手と左手ではグローブを同じ具合にはめることはできない．これは，グローブの中の右手と左手は異なるものであることを意味する．つまり，各エナンチオマーの塩はまったく異なるもの（ジアステレオマー，後述）になったのである．

② そして，ジアステレオマーの物理的・化学的性質は異なるので，このことを利用して分離が可能になる．

③ さらに，分離したジアステレオマーを手とグローブに分ければ，各純粋なエナンチオマー（右手と左手）が得られることになる．

しかし，エナンチオマーの結晶がいつも得られるわけではないし，異なる結晶形を与えるのはきわめて珍しい例であるだけに，パスツールの発見は幸運に恵まれたものであるといってよい．

試薬（グローブ）がアキラルなものの場合には，グローブをはめた右手と左手は鏡像関係のままなので分離ができない．

ジアステレオマーとはエナンチオマーでない立体配置異性体のことをいい，8章で詳しくふれる．

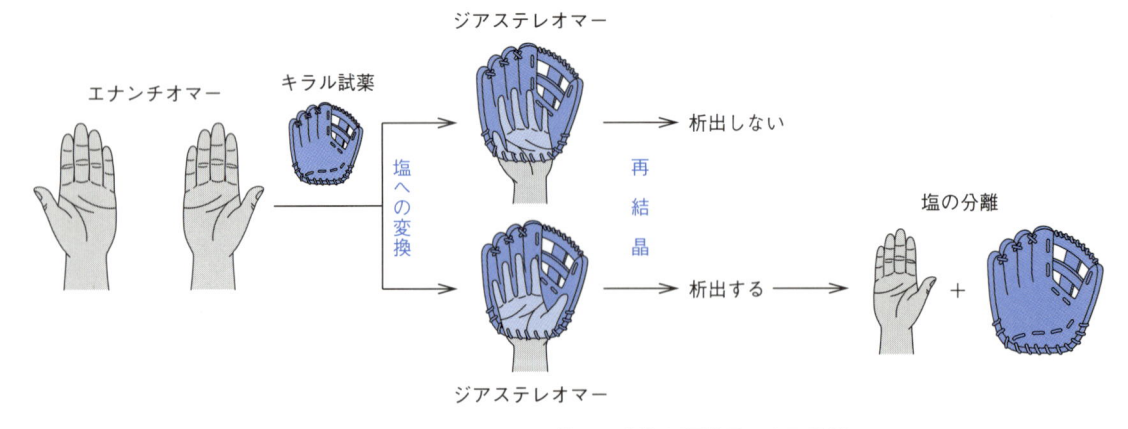

図 5・10　エナンチオマーの塩への変換と再結晶による分割

酵素反応

　酵素（enzyme）は生体内の反応を促進する触媒である．酵素はタンパク質の一種であり，したがってアミノ酸で構成され，そのアミノ酸はエナンチオマーの片方の L 体だけである．このことから，酵素はエナンチオマーを識別する能力がある．すなわち，酵素とラセミ体を反応させると，エナンチオマーの一方だけが選択的に反応して別の分子に変化し，もう一方のエナンチオマーはそのままの形で残る（図 5・11）．このような原理などを利用してもエナンチオマーを分離できる．

図 5・11　酵素反応による分割

クロマトグラフィー

　クロマトグラフィー（chromatography）の原理は図 5・12 に示したようなものである．すなわち，カラムに固定相といわれる吸着剤（キラル試薬）を詰め，上部からエナンチオマーの混合物溶液を流す．混合物は吸着

吸着剤は用途に応じて，いろいろなものが開発されている．

剤に対する相互作用（吸着力）が異なるため，流れ落ちる速度に差が生じ，各エナンチオマーの分離が可能になる．

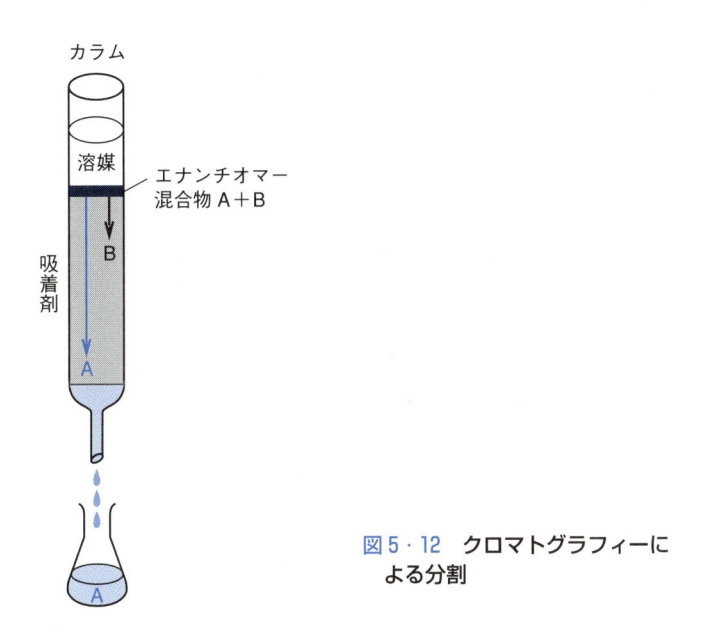

図5・12　クロマトグラフィーによる分割

不斉合成

　エナンチオマーを分離することは困難である．したがって，一方のエナンチオマーだけを選択的に合成できれば，医薬品の合成などにおいて非常に有用な方法となる．このような方法を"不斉合成"という．最近ではすぐれた試薬が開発され，さまざまな不斉合成が実現している．不斉合成の具体例については10章でふれる．

III

複雑な立体異性

6

立体異性の表示法

自然界にはさまざまな分子が存在し，そのなかには複雑な立体構造をもつものも多い．また，医薬品として使われる分子は，立体構造も含めて正しく表示して理解することが，薬の効果を考えるうえで大切となる．そこで，複雑な立体異性体でも正しく理解できるように統一した決まり事，つまり表示法が定められている．ここでは，複雑な立体異性にも対応できるような表示法について見てみよう．

1. 相対配置と絶対配置

絶対配置はキラルな分子における原子の実際の空間的配置を示すものであり，相対配置は複数のキラル中心（不斉炭素）のまわりの原子の相対的な立体的関係を示すのに用いられる．

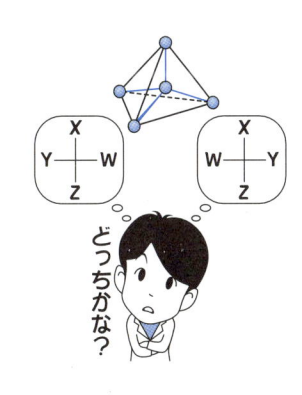

相 対 配 置

分子がキラル中心をもっていれば，エナンチオマーとして存在することを5章で見た．エナンチオマーのうち，一方の旋光度が（＋，右旋性）であれば，もう一方のエナンチオマーの旋光度は（－，左旋性）となる．しかし，一組のエナンチオマーは化学的性質が同じであるため，どちらの立体構造に相当するかを決めることは難しい．そこで，差しあたり旋光度が（＋）のものを一方の立体構造に指定しておいて，それに対して相対的に他の立体構造を決めることがある．このような立体配置を**相対配置**

ポイント！

キラルな分子の立体配置には絶対配置と相対配置がある．

旋光度の（＋）や（－）に対して，それぞれ d および l と表示することがあり，後述する D/L 表示とは関係のないことに注意が必要である．

(relative configuration) という．

　たとえば，リモネンの旋光度が（＋）のものを図6・1の左側の構造と指定すれば，（－）のものは右側の構造に相当する．この場合，（＋）および（－）-リモネンのそれぞれの立体構造は相対的なものである．

　分子内にいくつかのキラル中心（不斉炭素）をもつようなメントールの場合では，キラル中心の一つの配置を指定しておいて，それに対して他のキラル中心の相対的な立体配置を決める．そしてエナンチオマーの（＋）体を一方の立体構造の分子に指定しておいて，（－）体をもう一方のエナンチオマーとする．

　したがって，相対配置の表示では一組のエナンチオマーがそれぞれどちらの立体構造に相当するのか，本当はわからないことになる．

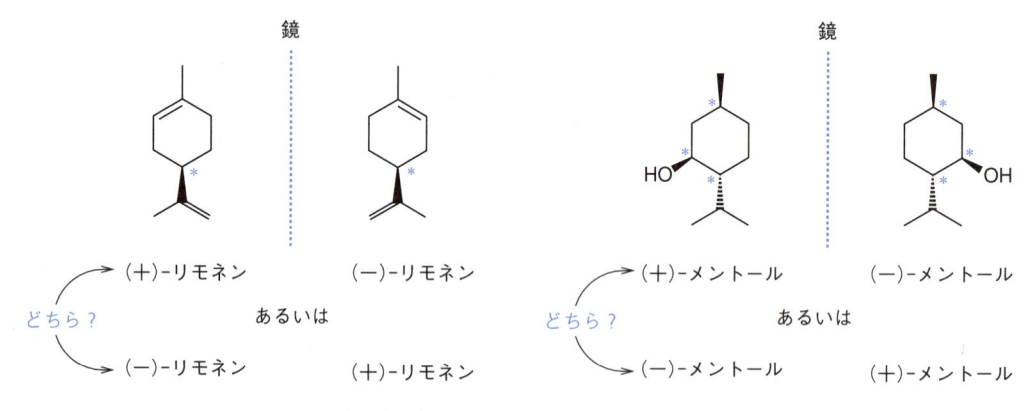

図6・1　相対配置． ＊はキラル中心（不斉炭素）

絶対配置

　エナンチオマーのうちどちらの立体構造に相当するかわからない相対配置に対して，真の立体配置を**絶対配置**（absolute configuration）という．ある種の"X線構造解析法"によって，絶対配置を決めることが可能である．また，絶対配置がすでに決まった分子へ化学変換することで，多くの化合物の絶対配置が明らかになっている．絶対配置が決められた分子の化学構造を"絶対（立体）構造"という．リモネンやメントールの（＋）体および（－）体のそれぞれの絶対構造も現在では，図6・2のようにわかっている．

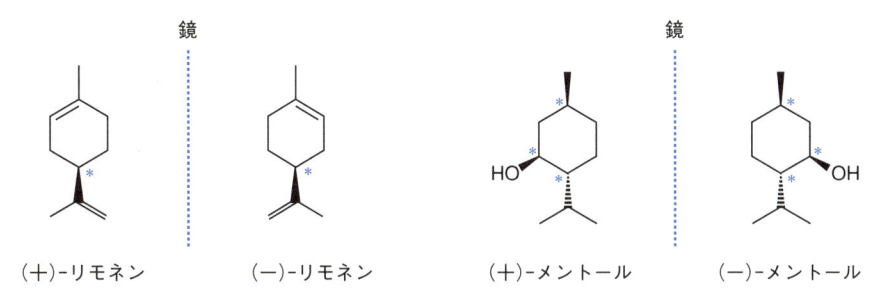

(＋)-リモネン　　(－)-リモネン　　(＋)-メントール　　(－)-メントール

図6・2　絶対配置．＊はキラル中心（不斉炭素）

X線結晶構造解析と絶対配置

X線結晶構造解析（X-ray crystallography）によって初めて絶対配置が決定されたのは，20世紀半ばであった．まず，X線結晶構造解析について簡単に見てみよう．X線結晶構造解析は試料（結晶）にX線を照射して，分子の構造を解析する方法である．

図6・3はX線結晶構造解析の基本的な手順を示したものである．分子が規則正しく並んでいる結晶にX線を照射すると，そのX線は結晶中の電子に散乱され，散乱されたX線は回折され，これらが"回折斑点"として検出される．そして，検出された"回折斑点"から，結晶中の電子で反射されたX線の"位相"（散乱X線の進行方向）と"強度"を決めて，近似構造を推定する．それを精密化していくことで得られる"電子密度図"（電子密度が同じ部分を等高線で表した図）から分子中の原子の位置がわかる．これをもとにして，分子の構造が決定できる．

通常の化合物では，一組のエナンチオマーの間には"回折斑点"の強度

X線は波長が0.1 nm程度の電磁波であり，それを用いて撮影した写真は医療分野で頻繁に利用されている．

フーリエ合成という数学的な取扱いによって，回折斑点から電子密度図が作製できる．

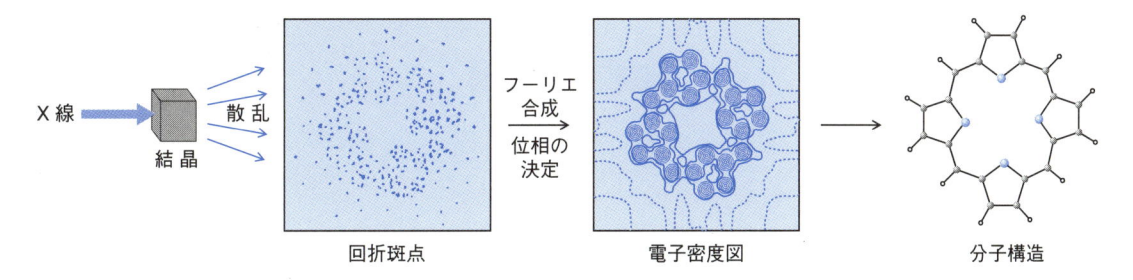

図6・3　X線結晶構造解析の基本的な手順

X線結晶構造解析による絶対配置の決定の詳細は本書の範囲を超えるので、さらに知りたい読者は専門書を参照されたい．

にはほとんど差が見られない．したがって，このようなX線構造解析によって得られる立体構造は相対配置である．ところが，Brのような重原子が入った化合物では，この重原子による異常分散という現象が起こり，エナンチオマーの間で"回折斑点"の強度に違いが現れる．つまり，一方のエナンチオマーの結晶中の原子による反射強度とそれをすべて反転させた他方のエナンチオマー結晶の原子による反射強度は異なるということである．このことを利用して，絶対構造が決定できる．

　重原子を利用して位相を決定する方法は"重原子法"といわれている．また，重原子を用いないで行う"直接法"では絶対配置を決めることは容易ではないが，相対する反射強度を厳密に測定することで絶対構造を決定できることがある．

ポイント！

絶対配置はX線結晶構造解析によって決定できることがある．

フィッシャー投影式

　キラルな分子の立体構造（三次元）を紙面上（二次元）に表す方法として，**フィッシャー投影式**（Fischer projection）がある．たとえば，図6・4に示したグリセルアルデヒドの場合を見てみよう．主鎖（最も長い炭素鎖）を垂直方向に置き，それに結合する側鎖は水平方向に置いて，水

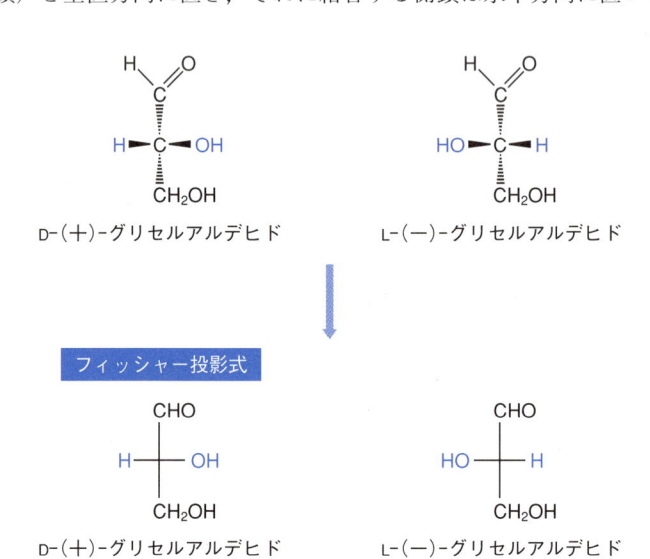

キラル中心（不斉炭素）は垂直方向の結合と水平方向の結合の交点にあり，投影式中には示されていない．

D-(＋)-グリセルアルデヒド　　　L-(－)-グリセルアルデヒド

フィッシャー投影式

D-(＋)-グリセルアルデヒド　　　L-(－)-グリセルアルデヒド

図6・4　フィッシャー投影式

平方向の結合は紙面より手前に，垂直方向の結合は紙面の後方にあるとして表示する．

フィッシャー投影式によって示されたキラルな分子は，次節に示す表示法を用いて，その絶対構造を明らかにできる．

2．絶対配置の表示法

絶対配置が決定されると，今度はそれを正しく表示することが必要になる．ここでは，現在最も広く使用されている表示法について見てみよう．

D/L 表示

真の絶対配置がわからなかった時代には，**D/L 表示法**を用いて絶対構造を表す試みがなされた．フィッシャーは立体配置を表す方法としてグリセルアルデヒドを用い，右旋性（＋の旋光度）を示すグリセルアルデヒドを D 形，左旋性（－の旋光度）を示すグリセルアルデヒドを L 形とした．そして，キラルな分子の立体配置を 2 種類のグリセルアルデヒドに関連づけ，（＋）-グリセルアルデヒドと関連する系列を D 形，（－）-グリセルアルデヒドに関連する系列を L 形と表示した．つまり，（＋）-グリセルアルデヒドから誘導できるキラルな分子は D 形となり，（－）-グリセルアルデヒドから誘導できれば L 形となる．たとえば，（－）-グリセロール酸は（＋）-グリセルアルデヒドを酸化すると得られ，このとき立体配置に変化はないので，D-（－）-グリセロール酸になる（図 1）．

ここで，D/L 表示法は旋光度の符号とは関係のないことがわかるだろう．

D/L 表示法は当時，絶対配置がわからなかったため仮に定められた相対配置であった．その後，X 線結晶構造解析により真の絶対配置が決定されたが，幸運にも D/L 表示で定めたグリセルアルデヒドの立体配置が絶対配置と一致していたために，当時定めたキラルな分子の相対配置はそのまま絶対配置を示すことになった．

今日でも糖やアミノ酸などでは，D/L 表示法が使用されている．

D-（＋）-グリセルアルデヒド　　D-（－）-グリセロール酸

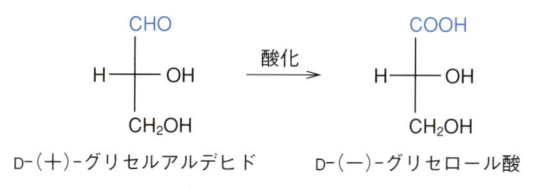

図 1　D/L 表示による絶対配置の決定

キラル中心を複数もつ分子については，7章を参照．

この表示法は提案者 Cahn, Ingold, Prelog の名前にちなんで，**CIP 法**（CIP convention）ともよばれる．

R/S 表 示

キラル中心を複数もっている分子のように立体構造が複雑になってくると，旋光度の（＋）体や（－）体という表示のみでは立体配置をうまく表せない場合がある．そこで，それぞれのキラル中心ごとに絶対配置がどのようになっているかを表す方法として，**R/S 表示**が用いられる．ここでは記号の R と S を用いて，キラル中心の絶対配置を表す方法を見てみよう．R はラテン語の'右'を意味する <u>rectus</u>，S は同じく'左'を意味する <u>sinister</u> に由来する．

まず，キラル中心に，W, X, Y, Z の 4 個の置換基がついているとする．このうち，W を軸として，X, Y, Z の羽をもつ'かざぐるま'を考えてみよう．この'かざぐるま'は X, Y, Z のそれぞれの順番（優先順位）により，「右回り＝時計回り（R）」か「左回り＝反時計回り（S）」に回ることになる（図 6・5）．

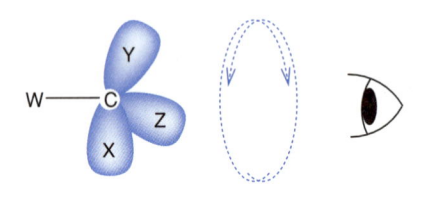

右回り？ それとも 左回り？

図 6・5 *R/S* 表示における優先順位

'かざぐるま'の回り方（R あるいは S）を決めるために，X, Y, Z の優先順位と W 軸はつぎのようになる．

1. まず，キラル中心に直接ついている原子の原子番号の大きい順に番号をつける．一番小さい原子番号の置換基が W 軸に相当する．したがって，キラル中心に水素が結合しているなら，水素がこの'かざぐるま'の W 軸になる．

いくつかの原子を例にとれば，優先順位はつぎのようになる．

$$I > Br > Cl > S > F > O > N > C > H$$

2. つぎに，W 軸を向こう側に置いて'かざぐるま'をのぞいてみよう．優先順位が X(1) → Y(2) → Z(3) なら，右回り（時計回り）であり R で

ある．優先順位が Z(1) → Y(2) → X(3) なら，左回り（反時計回り）でありSである（図6・6）．

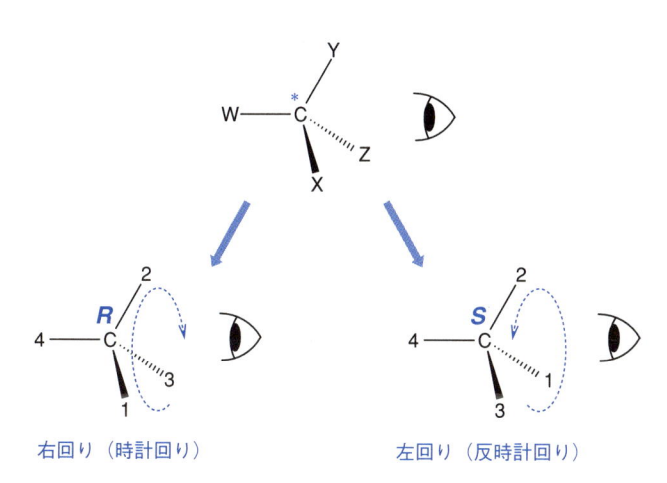

図6・6 R/S 表示の決め方

たとえば，キラル中心に H, F, Cl, Br が結合した以下の分子を考えてみよう．この炭素に結合している原子のうちで，一番小さい原子番号の H を軸として，Br ＞ Cl ＞ F の優先順位になる．つまり Br(1) → Cl(2) → F(3) であり，これは右回り（時計回り）になるので，このキラル中心は R と表示される．

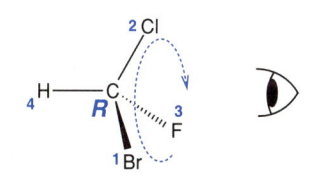

3. もし，キラル中心に直接ついている原子が同じである場合は，このままでは順位がつかないので，それに結合しているつぎの原子どうしで比較する．それでも順位がつかないようなら，順位がつくところまで結合している原子どうしを順次比較していく．

具体的に見てみよう

以下の分子で，キラル中心 ① に結合している原子の優先順位を考えてみよう．

キラル中心 ① に結合している原子は，1個の H のほかはすべて炭素であるので，H が 4 番目ということ以外は決まらない．そこで，それぞれの炭素 ② に結合している原子を考える．すると，炭素 ②a には 3 個の H が結合し，炭素 ②b と炭素 ②c にはどちらも H, Cl, C が結合している．ここで，②a は 3 番目であると決まったが，炭素 ②b と炭素 ②c の優先順位はまだ決まらない．そこで，またそれぞれの炭素に結合している原子を比較する．結局，炭素 ④ に結合している原子の Br と O の違いで，ようやく ②b ＞ ②c の優先順位が決まった．つまり，キラル中心 ① に結合している置換基の優先順位は，②b ＞ ②c ＞ ②a ＞ H である．

この順位に基づいて，キラル中心として右回り（R）か左回り（S）かを決めよう．H を軸にして，置換基の優先順位の高い順に ②b → ②c → ②a は右回り（時計回り）である．したがって，このキラル中心 ① の表示は R である．

4. もし，置換基として二重結合や三重結合が結合しているときは分解して考える．つまり，二重結合や三重結合は，その相手の原子がそれぞれ 2 個あるいは 3 個結合していると考える．

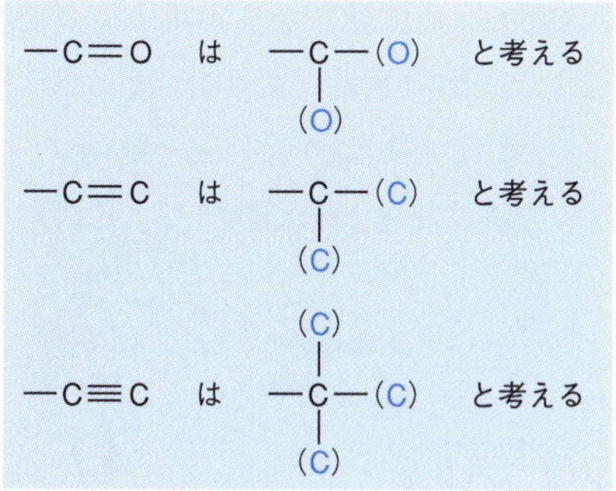

グリセルアルデヒドの *R*/*S* 表示

ところで，ここにフィッシャー投影式で書かれているグリセルアルデヒドについて，キラル中心の *R*/*S* を決めてみよう．ホルミル基−CH=O は炭素に H, O, O が結合していると考えるため，置換基の優先順位は OH ＞ CHO ＞ CH_2OH ＞ H である．

CHO：O が 2 個，
CH_2OH：O が 1 個であるので，
CHO＞CH_2OH となる．

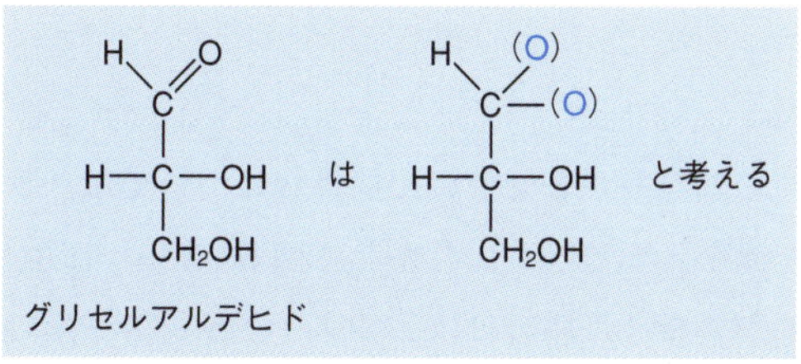

これは右回り（時計回り）であるので，キラル中心の立体配置は *R* である（図 6・7）．

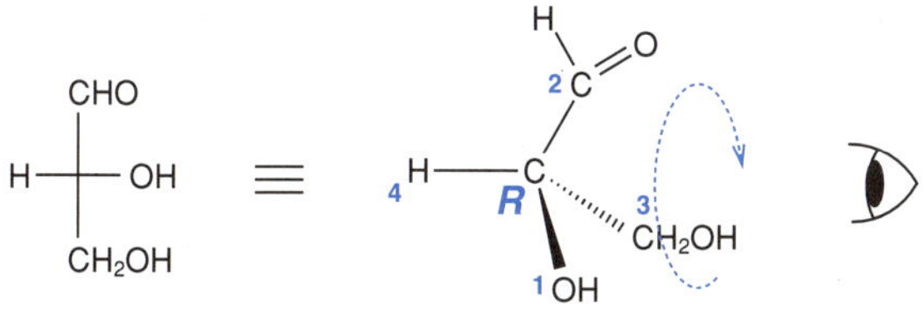

D-(+)-グリセルアルデヒド
のフィッシャー投影式

図 6・7　フィッシャー投影式からの絶対配置の決定

ポイント！
R/S 表示は最も広く利用されている絶対配置の表示法なので理解しておこう.

5. 同じ原子番号の原子（同位体）なら，重い方（質量数の大きい）の原子が優先する．つまり，^1_1H（水素）より D（重水素，^2_1H）が優先する．

以下の分子では，一番優先順位の低い H が軸となり，他の置換基は $OH > CH_2OH > D$ の順位になる．したがって，この場合のキラル中心は S である．

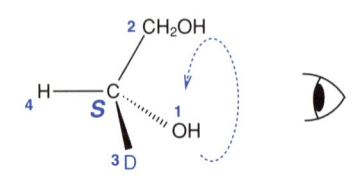

3. シス・トランスで区別できない場合の表示法

3 章ではシス-トランス異性体についてふれた．ここでは，シス・トランスでは区別がつかない場合の立体配置の表示法について見てみよう．

E/Z 表示

二重結合に同じ置換基が 2 個ついた異性体については，シス・トランスによって立体配置を区別できた．しかし，図 6·8 (a) に示したように，3 個以上の置換基が異なった場合には，シス・トランスを用いて区別することはできない．

このような立体配置異性体を区別する方法として，**E/Z 表示**がある．以下の順位のつけ方は前節でふれた R/S 表示に従う．

図 6·8 E/Z 表示

1. 二重結合を構成する各炭素に結合している 2 個ずつの置換基の間で順位を決める．

2. 各炭素に結合した置換基のうち，順位の高いものが二重結合の反対側にあるものを E 体，二重結合の同じ側にあるものを Z 体という．

Z はドイツ語の zusammen（いっしょに），E は entgegen（反対に）に由来する．

具体的に見てみよう

以上の表示法を用いれば，どのような置換基がついていても区別が可能になる．図 6・8 (b) の分子について具体的に見てみよう．4 個の異なるハロゲン原子の順位は原子番号の大きい順に，I > Br > Cl > F と決まる．

図に示したように，分子 1 では順位の高いほうの置換基が二重結合の同じ側にあるので Z 体，分子 2 では順位の高いほうの置換基が二重結合の反対側にあるので E 体となる．

ポイント！

E/Z 表示を用いれば，シス・トランスでは区別できない立体配置を明らかにできる．

7 キラル中心をもたない エナンチオマー

　鏡に映した右手と左手の関係のように，実像と鏡像が重ねられないキラルな分子になるためには，キラル中心（不斉炭素）をもつことが必要であることはすでに2章でふれた．しかしながら，必ずしもキラル中心をもたなくても，キラルな分子になる場合がある．
　ここでは，分子がどのような要素をもてばキラルになるのかを見てみよう．

1. 分子の対称性とキラル

　分子がキラルであるかどうかは，分子の対称性に基づく．ここでは，これらの間にどのような関係があるのかを見てみよう．

ポイント！
分子の対称性を考えることは，分子がキラルであるかどうかを判断するのに重要である．

対称操作

　ある物体（分子）に，何らかの操作をしたときに元の物体の形と同じになるとき，このような物体は対称性をもつなどという．このときに行う操作を**対称操作**（symmetry operation）という．対称操作には，以下の4種類がある．

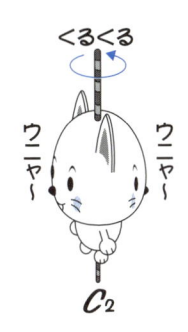

回 転（rotation）

　物体をある軸のまわりに $(360/n)°$（n は自然数）回転すると元の形と同じになることを**回転対称**という．また，この軸を **n 回回転軸**という．

Ⅲ. 複雑な立体異性

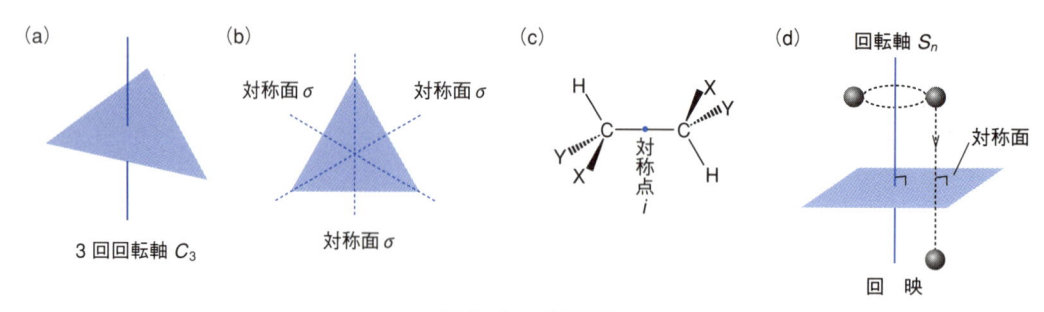

図7・1 対称要素

正方形では回転軸のまわりに $(360/4)°$ 回転すると元の形に戻るので，4回回転軸をもつ．

この操作と回転軸を C_n で表す．

たとえば，正三角形は中心にある回転軸のまわりに $(360/3)°$ 回転すると元の形に戻るので，3回回転軸をもつ（図7・1a）．つまり，360°回転する間に同じ形が3回現れる．

鏡映 (reflection)

ある面を鏡として物体を映したとき，元の形と同じになることを**鏡映対称**という．また，このような面を**対称面（鏡映面）**という．この操作と対称面を σ で表す．たとえば，正三角形は図に示した3枚の対称面に対して鏡映対称である（図7・1b）．

反転 (inversion)

ある点に対して反転（点を分子中の一つの原子と結んで同じ距離だけ反対方向に延長）したとき，元の形と同じになることを**反転対称**という．また，このような点を**対称点**という．この操作と対称点を i で表す．たとえば，エタン誘導体は C–C 結合軸の中心にある点のまわりに反転すると元の形に戻ることがわかる（図7・1c）．

回映 (rotation-reflection)

上記の回転操作をしたあとで，その回転軸に垂直な平面で鏡映操作をしたときに，元の形と同じになることを**回映対称**という（図7・1d）．この操作と回転軸を S_n で表す．なお，S_1 は鏡映操作，S_2 は反転操作に相当する．

ポイント！
対称操作には，回転，鏡映，反転，回映の4種類がある．

分子の対称性とキラルな性質

分子がどのような対称要素 (C_n, σ, i, S_n) をもつかによって，キラルであるかどうかが判断できる．上記の対称性のうち，鏡映対称と反転対称は回映対称に含まれるので，分子がキラルであるかどうかは回転対称と回映対称を考えればよいことになる．

回映対称は鏡映対称を含み，鏡映対称である分子は対称面をもつのでアキラルになる（図5・3参照）．つまり，分子が回映（鏡映）対称でなければキラルになり，回映対称であればアキラルになることがわかる．

回映対称 × → キラル
　　　　　○ → アキラル

一方，回転操作については，1回回転軸 C_1 では360°回転してはじめて元の形と同じになる．つまり，この分子は対称要素をもたない"無対称な"分子ということになる．そのような例として，不斉炭素（キラル中心）をもつ分子があげられる．ほとんどのキラルな有機分子はこの場合に相当する．

また，回転軸 C_n 以外の対称要素をもたない分子はキラルであることがわかっている．ただし，C_n に加えて，それに直交する n 本の C_2 軸をもつ $D_n(C_n + nC_2)$ の場合はキラルになる（図7・2）．

以下には，C_2 軸をもつ例がいくつか登場する．

C_1, C_n, D_n → キラル

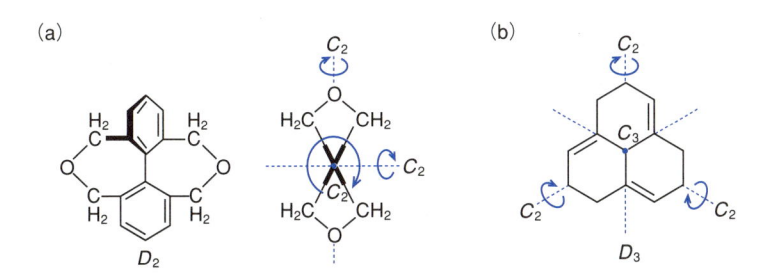

図7・2 $D_n(C_n + nC_2)$ に属するキラルな分子の例．(a) D_2 分子．互いに直交する3本の C_2 軸をもつ．(b) D_3 分子．1本の C_3 軸に加えて，3本の C_2 軸をもつ．

キラル要素

キラルな分子になるための構造的要素には，"点"，"軸"，"面"がある．このような"点"のことを**キラル中心**（chiral center），"面"のことを**キラル面**（chiral plane），軸のことを**キラル軸**（chiral axis）という．また，

III. 複雑な立体異性

ポイント！
キラル中心以外にも分子がキラルになる要素がある.

以下のように，両端の炭素に同じ原子（置換基）が結合している場合はアキラルである.

$$H_3C \diagdown C=C=C \diagup H$$
$$H_3C \diagup \qquad \diagdown H$$

また，アレンのように累積二重結合をもつ化合物であるクムレンにおいて，炭素骨格の炭素数が奇数であるときはキラルになり，偶数のときはアキラルになる．これは，偶数のときは両端の炭素とそれについた原子による平面は同一平面上にあるためである．

キラル中心の例としてはすでに不斉炭素については見たが，原子の種類は必ずしも炭素でなくてよい（後述）．

以下では，キラル軸，キラル面，および炭素原子以外のキラル中心をもつエナンチオマーの代表的な例などについて見ていこう．

2. キラル軸をもつエナンチオマー

ここでは，分子中にある適当な軸（キラル軸）に関して生じる例を見てみよう．

アレン

すでに1章で見たように，アレンの両端の炭素についた原子の構成する2枚の平面は互いに90°ねじれている（図1・16参照）．そのため，図7・3に示したように両端の炭素に異なる原子（置換基）が結合したとき，C=C=Cがキラル軸となり，キラルな分子となる．このような性質を"軸性キラリティー（軸不斉）"という．また，図に示したようにアレンは2回回転軸 C_2 をもつ．

アレンの両端の炭素に置換基Xを結合した分子1を見てみよう．1はどのように回転させても2と重ねあわせることはできず，これらは互いにエナンチオマーであることがわかる．

スピロ化合物

2個の環構造が1個の原子だけを共有して構成されているものを**スピロ化合物**（spiro compounds）あるいは**スピラン**（spiran）という．また，

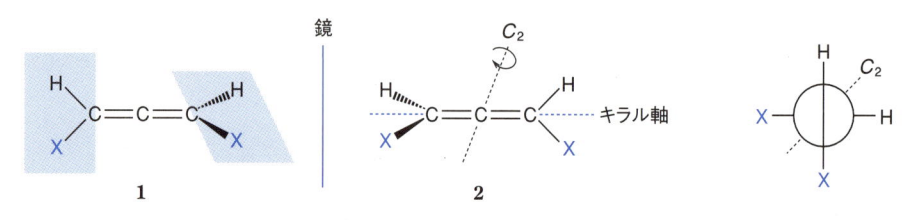

図7・3 **キラル軸をもつアレン**

7. キラル中心をもたないエナンチオマー

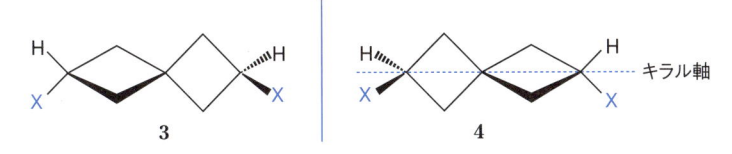

図7・4 キラル軸をもつスピロ化合物

共有された原子をスピロ原子という．

分子 **3** は 2 個の四員環をもつスピロ化合物である（図7・4）．分子 **3** の 2 個の四員環は互いに直交しているために，分子の両端の炭素に結合した置換基が構成する面も 90°ねじれる．この結果，アレンと同様にスピロ化合物はキラルになる．よって，分子 **3** と **4** は互いにエナンチオマーとなる．キラル軸は 2 個の環を貫き，3 個の炭素をつなぐ直線となる．

ビフェニル

ビフェニル（biphenyl）はフェニル基が 2 個結合した分子である．分子 **5** ではオルト位の水素間で立体反発が生じ（図7・5a），それを避けるために 2 個のフェニル基はねじれた位置に存在し，単結合の回転は制限される．

さらに，図7・5（b）に示すように二つのフェニル基に異なる置換基 X，Y がついた分子 **6** では，置換基どうしの立体反発により 2 個のフェニル基のねじれはさらに大きくなり，単結合の回転に大きな障害が生じる．このため，分子 **6** と **7** は互いにエナンチオマーとなる．

このように単結合の回転の障害によって生じる異性現象を**アトロプ異性**（atropisomerism）という．

"アトロプ"とは「回転しない」という意味である．

ポイント！

このように，キラル軸によって生じるエナンチオマーも存在する．

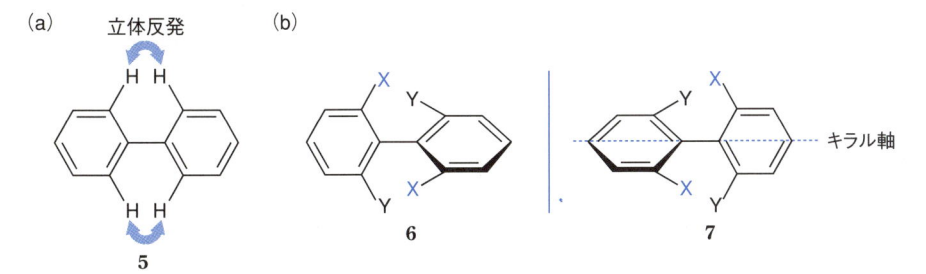

図7・5 キラル軸をもつビフェニル

3. キラル面をもつエナンチオマー

ここでは，分子中にある適当な面（キラル面）に関して生じる例について見てみよう．

シクロファン

シクロファン（cyclophane）はベンゼン環がメチレン鎖$(CH_2)_n$でつながれた分子である（図7・6）．シクロファンではメチレン鎖が短い（nが小さい）と，メチレン鎖による架橋に対して面（ベンゼン環）の回転が制限される．そのため，置換基 X の存在のために，分子 1 と 2 は互いにエナンチオマーとなる．ここで，X が置換したベンゼン環がキラル面に相当する．このように，分子中のある面に関してキラルとなる性質を"面性キラリティー（面不斉）"という．

メチレン鎖の n が大きい場合には，ベンゼン環は自由回転ができるので，キラルにはならない．

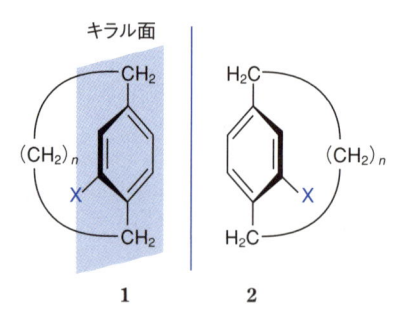

図7・6 キラル面をもつシクロファン

ベンゼンなどが金属に配位した錯体

錯体 3 はベンゼンのメタ位に二つの異なる置換基 X, Y がつき，それに金属試薬 M が配位したものである（図7・7）．金属試薬が反対側から配

ポイント!
このように，キラル面によって生じるエナンチオマーも存在する．

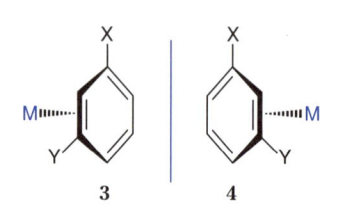

図7・7 キラル面をもつベンゼンに金属試薬が配位した錯体

位している 4 は，3 と互いにエナンチオマーである．ここでも，ベンゼン環を含む面がキラル面になっている．

4．らせん構造などをもつエナンチオマー

ここでは，らせんやプロペラのような構造など，つまり分子自体にキラルな構造が含まれている例について見てみよう．

ヘリシティー

らせんはキラル中心をもたないが，図 7・8 に示したキラル軸をもち，らせん構造に由来するキラリティーが生じる．これを**ヘリシティー**（helicity）という．

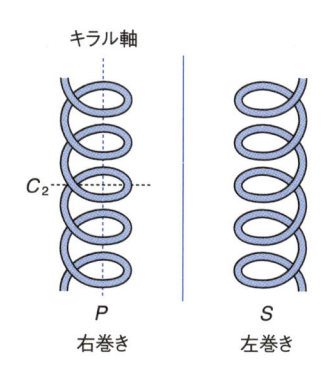

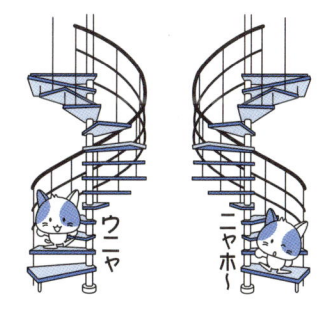

図 7・8 キラル軸をもつらせん構造

らせんの巻き方で，手前から遠ざかるときに右巻き（時計回り）の場合を P（プラス）という記号で，左巻き（反時計回り）を M（マイナス）という記号で表す．

この関係は，らせんを逆方向から見ても変わらないことに注意しよう．

ヘリセン

らせん構造をもつ分子はキラルとなる．その代表的な例として**ヘリセン**（helicene）があげられる．ヘリセンはベンゼン環がらせん状に縮合してできた分子である．分子 1 はベンゼン環が 6 個以上縮合したものである（図 7・9）．ベンゼン環は 7 個縮合するとちょうど 1 周して最初のベンゼ

自然界に見られるヘリシティーとしては，多数のアミノ酸が結合したポリペプチド鎖でできた α ヘリックスがある．α ヘリックスはタンパク質を構成する基本的な立体構造である．また，遺伝をつかさどる DNA は二重らせん構造をもつ分子である．

ン環に接合するが，7個目からは最初のベンゼンの上か下に重なってらせん構造を形成する．図7・9に示すように分子**2**は分子**1**のエナンチオマーとなる．

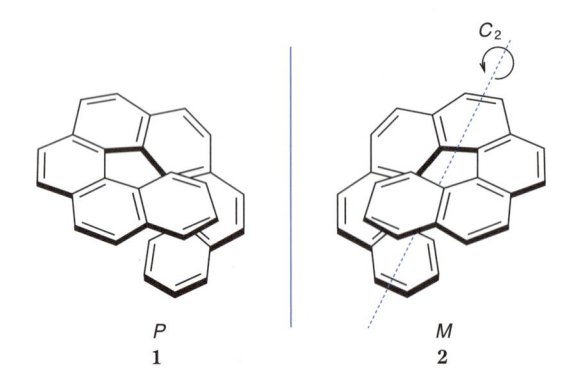

P
1

M
2

C_2

図7・9　らせん構造をもつヘリセン

プロペラ分子

　プロペラの羽根の向きもキラリティーの原因になる．分子**3**は炭素に3個のフェニル基が結合したものである（図7・10）．フェニル基のオルト位にはメチル基が結合しており，メチル基どうしの立体反発のため，フェニル基は自由に回転することができない．そのため，ベンゼン環の傾きが一方向に固定され，プロペラ型の分子となる．この結果，分子**3**と**4**は重ねあわせることができないので，互いにエナンチオマーとなる．

ポイント！
キラルな構造自体が含まれている分子も存在する．

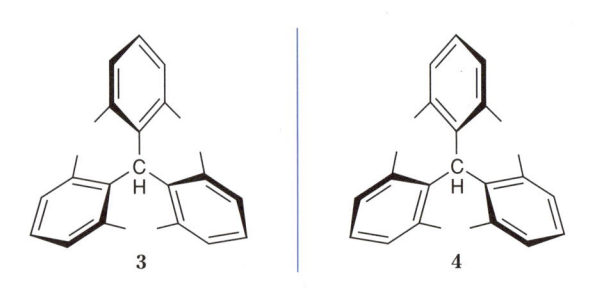

3

4

図7・10　プロペラ分子

5. 炭素原子以外のキラル中心をもつエナンチオマー

これまでは炭素原子がキラル中心となる分子について見てきた．しかし，キラル中心になる原子は炭素だけではない．ここでは炭素以外の原子がキラル中心になっている例を見てみよう．

第四級アンモニウム

窒素は炭素と同じ sp^3 混成なので，炭素と同様にキラル中心となることができる．

図 7・11 に示す分子 1 のように，窒素に 4 個の置換基が結合し，中心にある窒素がプラスに荷電したものを第四級アンモニウムイオンという．図に示すように第四級アンモニウムイオンは四面体形であり，異なる 4 種類の置換基（多くの場合はアルキル基）がつけば，窒素は炭素と同様にキラル中心になれる．よって，分子 1 と 2 は互いにエナンチオマーである．

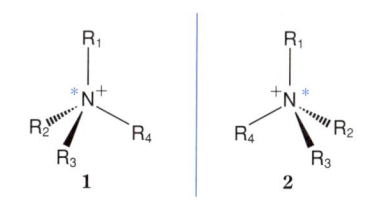

図 7・11 キラル中心をもつ第四級アンモニウムイオン

ホスフィン

リンに 3 個の置換基が結合したホスフィンでは，中央のリンはアンモニアの窒素と同様に sp^3 混成である（図 7・12）．しかし，リンの場合はアミンの場合と異なり（コラム参照），エナンチオマーどうしの相互変換のエネルギーが大きく，高温でなければ起きない．したがって，ホスフィンはキラルな分子となる．

また，ホスフィンに酸素が結合したホスホキシドは第四級アンモニウム

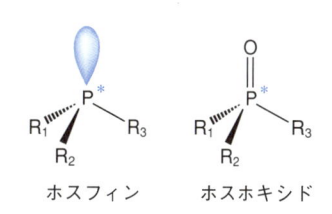

図 7・12 キラル中心をもつホスフィンおよびホスホキシド

アミンのキラリティー

第四級アンモニウムイオンの窒素はキラル中心となることができる．それでは，アミンではどうだろうか？

アンモニア NH_3 を構成する窒素も sp^3 混成である．そして，混成軌道の一つに非共有電子対が入っている．これは，第四級アンモニウムイオンの一つの置換基が非共有電子対になったとみなすことができる．したがって，図1のアンモニアの3個の水素が異なる3種類の置換基になった **3** は，第四級アンモニウムイオンと同様に四つの置換基がすべて異なるものになったのと同じことになる．

すなわち，異なる3種類の置換基をもった第三級アミン **3** はエナンチオマー **4** をもつと考えられる．

ところが，第三級アミンでは **3** と **4** の変換が簡単に起こり，これらを分離することはできない．したがって，第三級アミンはキラルとはならない．これは，第二級アミンにおいても同様である．

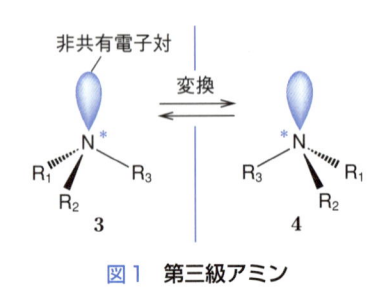

図1　第三級アミン

と類似の構造をもつので（図7・12），キラルな分子となる．

スルホキシド

チオエーテル R_1-S-R_2 の硫黄原子は sp^3 混成であり，4本の混成軌道のうち，2本には非共有電子対が入っている．これらの非共有電子対と酸素が結合するとスルホキシドとなる（図7・13）．すなわち，スルホキシドでは sp^3 混成の硫黄 S に R_1，R_2，O，非共有電子対という4種類の置換基が結合したことになり，S はキラル中心となる．

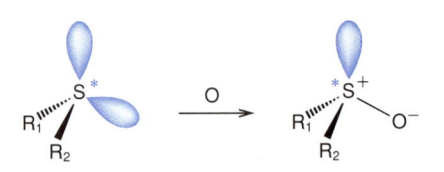

図7・13　キラル中心をもつスルホキシド

ポイント！
炭素以外の原子もキラル中心となりうる．

8 複数のキラル中心による立体異性

この章では，複数のキラル中心（不斉炭素）をもつ分子について見てみよう．また，すでに5章でふれた旋光性はエナンチオマーの重要な性質であるが，ここでは，さらに旋光性に基づくスペクトルから立体構造を推定する方法を見てみよう．

1. ジアステレオマー

これまでに，1個のキラル中心をもつ分子は一組のエナンチオマーを与えることを見てきた．それでは，複数個のキラル中心をもつ分子にはどのような立体異性体が存在するだろうか？

複数のキラル中心をもつ分子の立体異性

ある分子に立体異性体がいくつあるかは，通常はキラル中心（不斉炭素）の数で決まり，その数が n 個であれば，最大 2^n 個の異性体が存在することがわかっている．

ここでは，すでに6章でふれたメントールの立体異性体について見てみよう．図8・1に示したように，(−)-メントール **1** はキラル中心を3個もつため，2^3 個（8個）の立体異性体をもつ．

そのうちの1個はエナンチオマーであり，(−)-メントールに関していえば，(+)-メントールがエナンチオマー **2** に相当する．しかし (−)-メントールには，そのほかにもエナンチオマーにはならない立体異性体（**3**

メントールはペパーミントのさわやかな香りをもつが，これは (−) 体の香りであり，(+) 体にはこのような香りはない．

Ⅲ. 複雑な立体異性

シス-トランス異性体はジアステレオマーの一種である.

~**8**)が6個ある.このように,エンナンチオマーでない立体配置異性体のことを**ジアステレオマー**(diastereomer,**ジアステレオ異性体**)という.

エナンチオマーでは,すべてのキラル中心が逆の立体配置をもっているが,ジアステレオマーではすべてではないが,そのうちの1個以上は逆の立体配置になっている.ジアステレオマーの物理・化学的性質はまったく異なる.つまり,一組のジアステレオマーはまったく異なる分子となる.

また,図8・1に示すように,分子**3**と**4**,分子**5**と**6**,分子**7**と**8**は互いにエナンチオマーである.

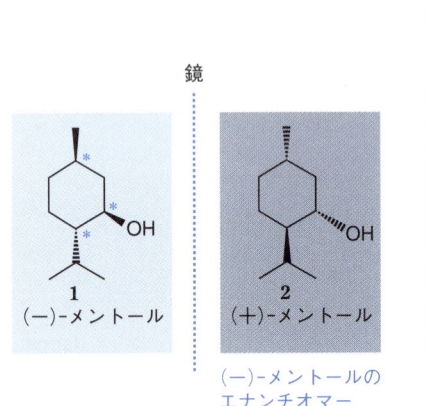

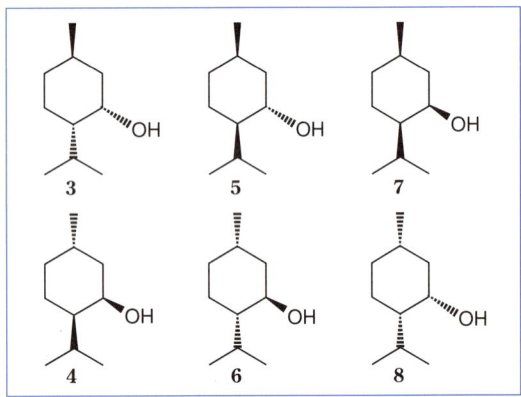

ポイント!
複数のキラル中心をもつ分子では,ジアステレオマーが存在する.

図8・1 (−)-メントールの立体異性体

2. メソ化合物

ここでは,酒石酸の立体異性体を考えてみよう.酒石酸には2個のキラル中心があるので,2^2個(4個)の立体異性体をもつはずである.ところが,実際にはそのようにはならない.どうして,このようなことが起こるのだろうか?

メソ化合物の例

酒石酸の2位と3位の炭素の立体を R/S 表示で示すと,(2R, 3R)体,

(2S, 3S)体，(2R, 3S)体，(2S, 3R)体の4種類の立体異性体が考えられる（図8・2）．しかし，このなかで(2R, 3S)体と(2S, 3R)体は片方の分子を上下にひっくり返すと重なるので，これらは同じ分子であることがわかる．したがって，酒石酸の立体異性体の数は3個となる．(2R, 3S)体と(2S, 3R)体が同じ立体配置になるのは，分子中に対称面をもつためである．また，それぞれの分子において，分子の半分が対称面に関して鏡像関係にあるので，光学不活性であることがわかる．

このように，キラル中心をもちながらも分子中に対称面をもつために，アキラルになったジアステレオマーを**メソ化合物**（meso compound）という．

> **ポイント！**
> メソ化合物では分子内に鏡像関係が存在するので，互いに打ち消しあい光学不活性となる．

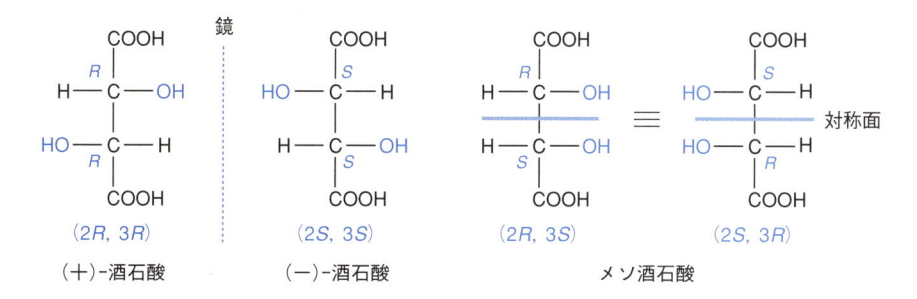

(2R, 3R) (2S, 3S) (2R, 3S) (2S, 3R)
(＋)-酒石酸　(－)-酒石酸　　　メソ酒石酸

図8・2　**メソ化合物**

3．エリトロ/トレオ表示法

ここでは，二つのキラル中心をもつ分子の相対配置を表す便利な表示法について見てみよう．

エリトロ/トレオ

図8・3のように，2個のキラル中心をもつ分子の4種類の異性体をフィッシャー投影式で見てみよう．縦方向の主鎖に対して，水平上にある4個の置換基のうち，同じ置換基が左右の同じ側にある一組の異性体（エナンチオマー）と左右の異なる側にある一組の異性体（エナンチオマー）がある．同じ置換基（あるいは類似の置換基）が同じ側にあるものを**エリ**

Ⅲ. 複雑な立体異性

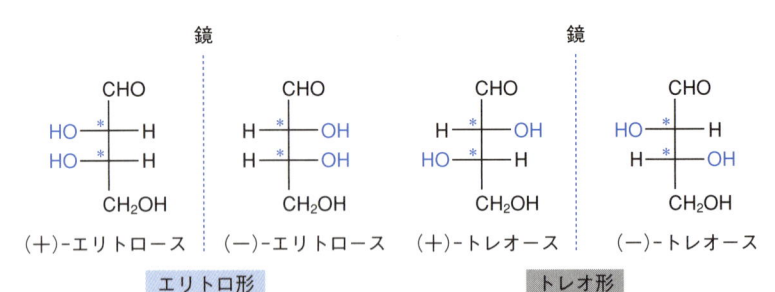

図8·3 エリトロ/トレオ表示

（＋）-エリトロース　（－）-エリトロース　（＋）-トレオース　（－）-トレオース
　　　　エリトロ形　　　　　　　　　　　　　　トレオ形

トロ形（erythro form）といい，反対側にあるものを**トレオ形**（threo form）という．つまり，エリトロ/トレオの表示法は相対構造を表していることになる．

エリトロ/トレオのニューマン投影式

　フィッシャー投影式で示した（＋）-エリトロースをニューマン投影式で見てみよう（図8·4a）．隣合うキラル中心の結合の延長線方向からこの

(a)

（＋）-エリトロースのニューマン投影式

(b)

（＋）-エリトロース　（－）-エリトロース　（＋）-トレオース　（－）-トレオース
　　　　エリトロ形　　　　　　　　　　　　　　トレオ形

図8·4　エリトロースおよびトレオースのニューマン投影式

分子を見て，ちょうど2個のキラル中心が重なりあうようにする．手前のキラル中心を中心点にして，それに結合する置換基3個をそれぞれ120°の角度で描く．後ろ側のキラル中心は円にして，それに結合する3個の置換基を同様に描くが，そのさいに回転させて，手前の置換基に対して最も大きな置換基どうしが対角線にくるようにする．つまり，立体的に最も安定な空間配置をとるようにする．

（＋）-エリトロースの他の3種類の異性体も同様にニューマン投影式で表してみよう．ニューマン投影式ではトレオよりもエリトロのほうが置換基の混みあいが少なく，安定であるのがわかるだろう（図8・4b）．

ポイント！
エリトロ／トレオは便利な表示法なので覚えておこう．

エナンチオマーとジアステレオマーの関係

　この章で見てきたエナンチオマー，ジアステレオマー，エリトロ／トレオの相互関係が一目でわかるように，具体的な例をあげて見てみよう．

　図1はキラル中心を2個もつ分子 $CH_3-CH_2-CHCl-CHCl-CH_3$ をフィッシャー投影式で示したものである．

　分子AとB，分子CとDはエナンチオマーの関係にある．一方，これらの関係を除いた分子AとC，AとD，BとC，BとDはジアステレオマーの関係にある．また，主鎖に対して同じ種類の置換基が同じ側にあるAとBはエリトロ形であり，反対側にあるCとDはトレオ形である．

　以上のようなエナンチオマーとジアステレオマーの関係は有機立体化学において重要なものであるので，しっかりと覚えておこう．

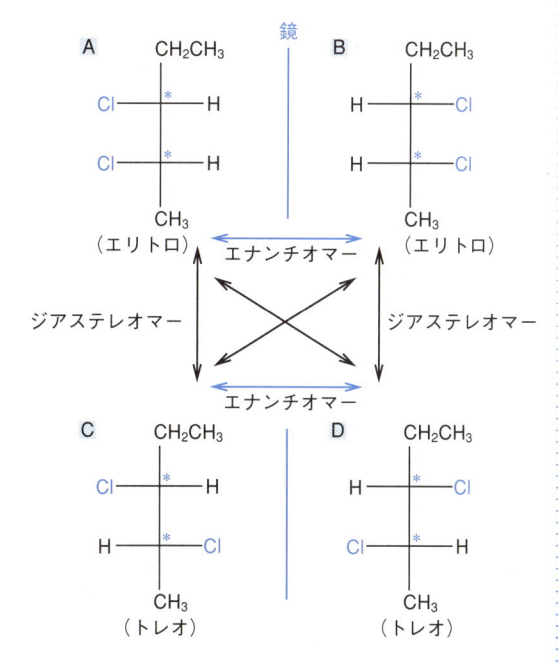

図1 ジアステレオマーとエナンチオマーの関係

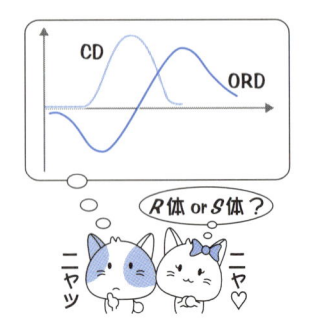

4. ORDスペクトルとコットン効果

5章では，光学活性分子の特徴として旋光性があり，これは平面偏向の回転角（旋光度）として測定できることを述べた．ここでは，このような性質を利用して，立体構造を明らかにする方法について見てみよう．

ORDスペクトル

旋光度は通常NaのD線の波長である589 nm付近の光を用いて測定する．しかし，旋光度は測定波長により変化することが知られている．このように，波長により旋光度の異なる現象を**旋光分散**（optical rotatory dispersion, **ORD**）という．旋光度をさまざまな波長において測定したものがORDスペクトルである．ORDスペクトルは光学活性分子の三次元構造，すなわち立体構造の手がかりを与える重要な情報になる．

旋光度の大きさを比較するためにセルの長さや溶液の濃度を一定にして測定した比旋光度 $[\alpha]$（1 g/100 mLの濃度）や分子旋光度 $[\Phi]$（モル濃度）の値を縦軸にして，各波長 λ を横軸に連続的にプロットすると，図8・5に示したようなORDスペクトルが与えられる．このようなスペクトルは"単純分散曲線"といい，そのうち長波長から短波長に向かって値が大きくなっているものを'正の単純分散曲線'，逆に小さくなっているものを'負の単純分散曲線'という．

ORDスペクトルの波長範囲は，一般に紫外-可視光（UV-VIS）スペクトルの波長範囲に相当する．

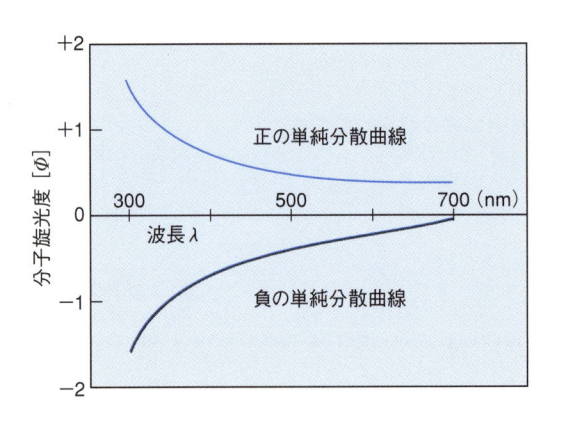

図8・5 ORDスペクトルの模式図

コットン効果

　分子のなかには，このような単純な曲線ではなくもっと複雑なスペクトル，たとえば山や谷のあるスペクトルを与える（図8・6）．このように山（極大値）や谷（極小値）のあるスペクトルを"異常分散曲線"という．また，この旋光異常分散の現象を，発見者にちなんで**コットン効果**（Cotton effect）という．

　図8・6のスペクトルを長波長側から短波長側へたどってみよう．始めに山になり，ついで谷を与えるスペクトルであることがわかる．このような山→谷のものを'正のコットン効果'という．もし，長波長側から短波長側へスペクトルを見たときに，始めに谷を与え，ついで山を与えるなら（谷→山），'負のコットン効果'である．コットン効果のこの"符号"は，次節に述べるオクタント則などで立体構造を推定するのに役立つ．

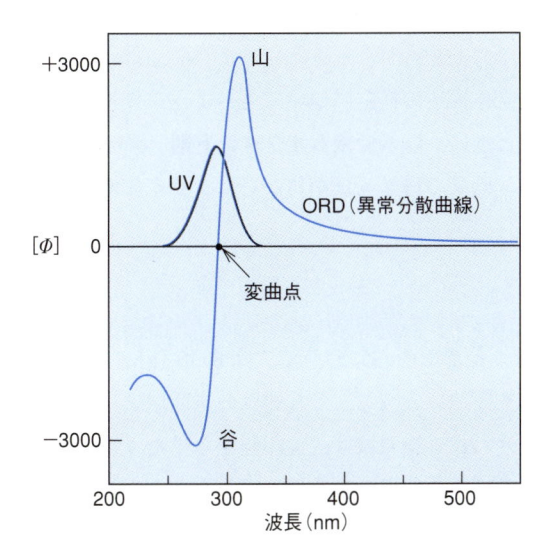

図8・6　**コットン効果の模式図**

図中にはUVスペクトルも記載されているが，実は，ORDとUV-VISは密接に関連している．この山と谷の間にある変曲点付近の波長がUVスペクトルの極大値の波長にあたる．ただし，'異常分散曲線'が明確に得られるためには，対応する波長でのモル吸光係数が十分に小さい（<ε100）必要がある．

CDスペクトル

　立体構造を調べるために利用されるスペクトルとして，ORDスペクトルのほかに**円二色性**（circular dichroism, **CD**）がよく用いられる（図8・7）．CDスペクトルでもコットン効果の"符号"を求めることができるが，その場合，スペクトルの山（極大値）を'正のコットン効果'といい，谷

CDスペクトルの詳細などは専門書にゆずる．

CDスペクトルの縦軸はΔε（モル吸光係数）である．

（極小値）を'負のコットン効果'という．ORDスペクトルの場合と紛らわしいので注意が必要である（図8・7）．

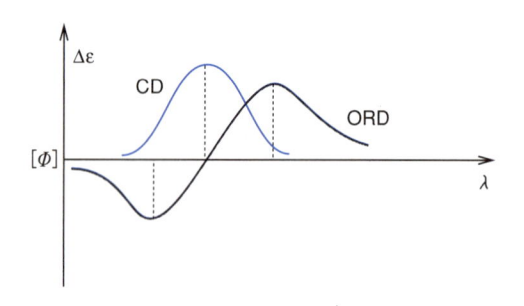

図8・7 正のコットン効果を示すORDとCDスペクトル

5. コットン効果による立体構造の推定

コットン効果を利用した立体構造の推定について述べよう．カルボニル化合物の立体構造を調べるときに，以下で見る**オクタント則**（octant rule）を用いれば，前節のコットン効果の符号（正か負か）により立体構造を推定できることがある．

オクタント則

オクタント則ではカルボニル基を中心において，図8・8（a）に示すような八つ（オクタント）の空間域に分割し，それぞれの空間域に正か負かの符号がつけられる．よく使われる空間域は，矢印側から見たカルボニル基の後方域であるので，通常はこの領域のみをカルボニル基を中心とした平面で表す（図8・8b）．そして，分子の炭素骨格や置換基がどの領域に多く入っているかで符号が決まる．その符号はコットン効果の符号と一致することがわかっているため，立体構造が推定できることになる．

具体的な例を見てみよう

3-メチルシクロヘキサノンついて，オクタント則を適用してみよう．この分子には3R体と3S体があり，立体配座（コンホメーション）はメ

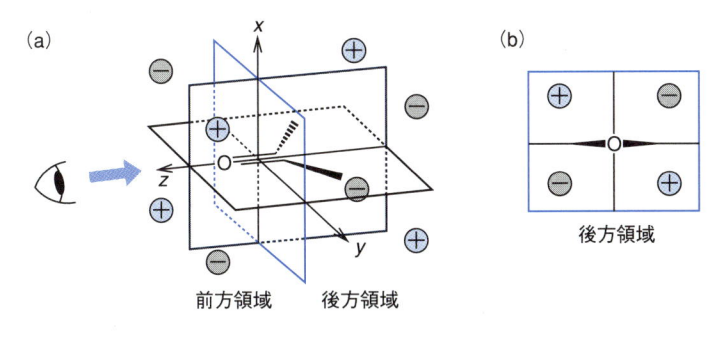

8. 複数のキラル中心による立体異性　113

図 8・8 オクタント則

チル基がエクアトリアルである安定形のものとする（図 8・9a）．オクタント則から，3S 体はメチル基の入っている領域が負であるので負の符号となり（図 8・9b），3R 体は正の符号をもつと推定される．つまり，3-メチルシクロヘキサノンの異性体の ORD あるいは CD スペクトルが'負のコットン効果'を示したならば 3S 体であり，'正のコットン効果'を示したならば 3R 体と推定できる．

> **ポイント！**
> 立体構造の決定に関しては，6 章で見た X 線結晶構造解析という絶対的な方法とともに，ORD スペクトルや CD スペクトルによっても重要な情報が得られる．

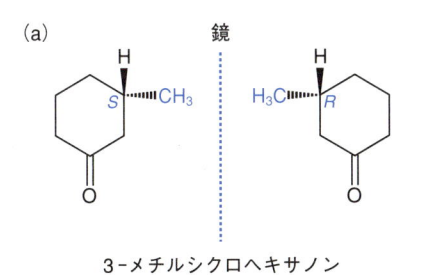

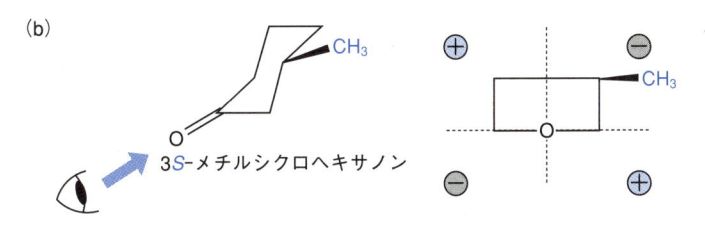

図 8・9 オクタント則を用いた立体配置の決定

IV

有機反応と立体化学

9 立体選択的反応

　立体化学は単に個々の分子の構造上の立体化学にとどまらず，さまざまな化学反応とも深い関係がある．ここでは，"立体選択的"および"立体特異的"という二つのキーワードをもとにして，有機反応と立体化学のかかわりについて見てみよう．

　ある化学反応において生成物として複数の立体異性体ができる場合に，そのなかの特定の立体異性体が優先的にできる反応を **立体選択的反応**（stereoselective reaction）という．一方，出発物の立体化学により生成物の立体化学が決まる反応を **立体特異的反応**（stereospecific reaction）という．

> 立体特異的反応は必ず，立体選択的反応となる．その逆は必ずしも成立しない（後述）．

> **ポイント！**
> 有機反応と立体化学のかかわりは重要であるので，しっかりと理解しよう．

1. シス・トランス付加

　不飽和結合に原子や原子団が結合する反応を **付加反応**（addition reaction）という．付加反応において，付加する原子が不飽和結合の同じ側につく反応を **シス付加**，反対側につく反応を **トランス付加** という．

> シス付加を **シン付加**，トランス付加を **アンチ付加** ともいう．

接 触 水 素 化

　不飽和結合に，白金 Pt やパラジウム Pd などの金属触媒を用いて水素を反応させることを **接触水素化**（catalytic hydrogenation）あるいは **接触還元**（catalytic reduction）という（図 9・1a）．接触水素化では 2 個の水素は分子の同じ側，つまりシス位に付加する．

　アルキン 1 の接触水素化は，以下のように進行する（図 9・1b）．

(a), (b)

図 9・1 アルキンの接触水素化

シス付加は触媒上にある活性水素分子が，一挙に二重結合に付加する反応である．例えれば，手をつないだ恋人どうしが，岸（触媒）からボート（分子）に乗り移るようなイメージである．二人とも，ボートの同じ側面（舷側）に飛び乗ることになる．

① 水素が触媒表面に吸着され活性水素となり，H−H 結合が弱まる．
② アルキン 1 が触媒表面に吸着される．
③ 水素原子がそれぞれ同じ側（触媒側）からアルキン 1 の不飽和結合を攻撃して付加する．

このように，接触水素化での生成物はほとんどがシス形 2 である．このことから，接触水素化は立体選択的反応であるといえる．

アルケンの接触水素化

すべて同じ置換基をもつアルケン 4 に接触水素化すると，シス付加した 5 が生成する（図 9・2a）．しかし，トランス付加した生成物 6 も C−C 結合軸のまわりで回転すると 5 に重なるので，5 と 6 は同じものであり，この反応がシス付加で進行するのか，トランス付加で進行するのかを判定することはできない．

しかし，2 種類の置換基がついたアルケン 7 を用いるとシス付加で進行したか，トランス付加で進行したかを判定することができる．すなわち，

図 9・2 アルケンの接触水素化

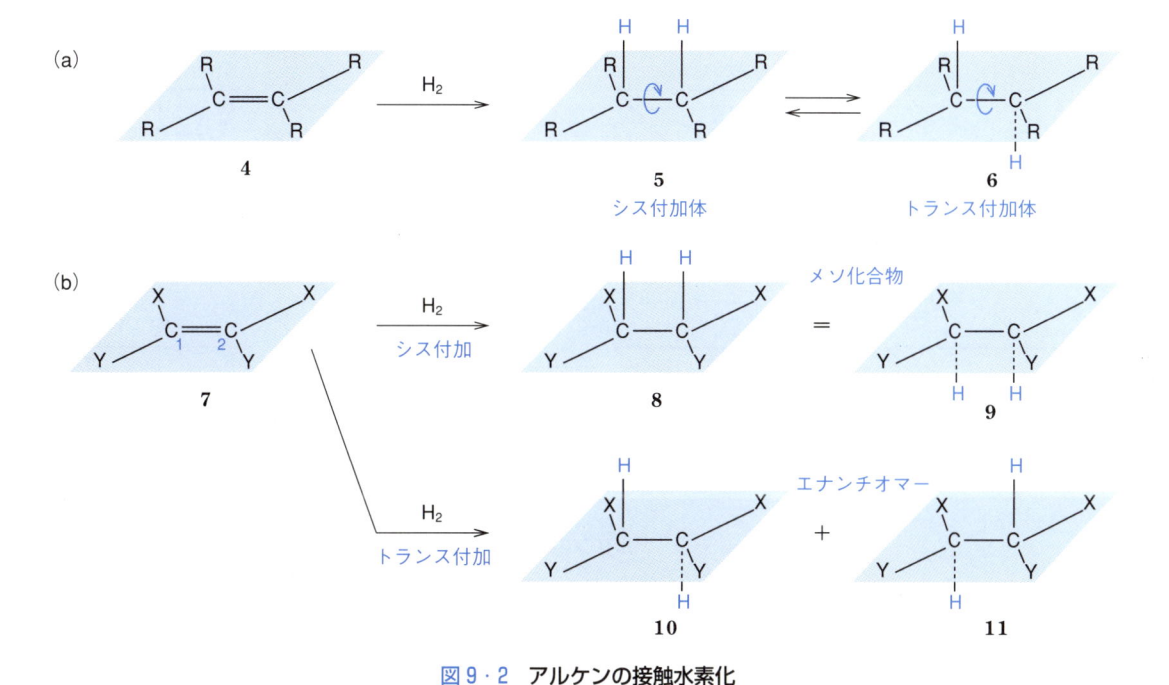

シス付加なら分子面の上側あるいは下側につくかによって **8** と **9** が生成する（図 9・2b）．しかし，**8** と **9** は分子を反転すると同じものであることがわかる．すなわち，**8** と **9** はメソ化合物である．

それに対してトランス付加なら，どちらの炭素（C_1, C_2）にどちらの側（上側，下側）からついたかによって **10** と **11** になる．これらは互いにエナンチオマーの関係にあり，異なる分子である．

実際に反応を行うと，旋光性をもたないメソ化合物が生成する．したがって，反応がシス付加で進行していることがわかる．

アルケンへの臭素付加

接触水素化がシス付加で進行するのに対して，二重結合への臭素付加はトランス付加で進行する．反応は以下のように考えるとわかりやすい（図 9・3）．

① 臭素分子がアルケンに近づくと，Br^+ と Br^- に解裂する．

実際の反応は Br_2 の攻撃によって行われるが，ここではトランス付加機構に焦点をあわせるため，Br^+ の攻撃を仮定して説明する．

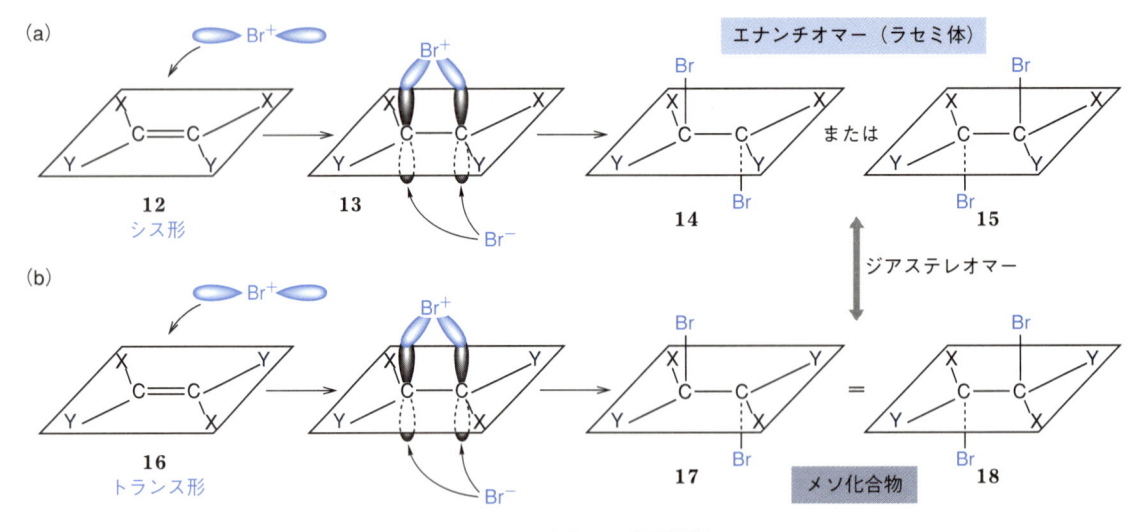

図9・3　アルケンの臭素付加

② 二重結合の一方の面にBr$^+$が配位し，環状のブロモニウムイオンが形成される．

③ もう一方の空いた面からBr$^-$が付加する．

このようにシス-アルケン **12** に臭素付加すると，ブロモニウムイオン **13** を経由する立体特異的反応が起こり，トランス付加によって **14** と **15** が生成する（図9・3a）．**14** と **15** は互いにエナンチオマーであり，これらは同じ割合で生成するので，ラセミ体となる．

一方，トランス-アルケン **16** においてもトランス付加が起こり，分子 **17**，**18** が生じるが，これらは同一の分子である（図9・3b）．さらに，**17**，**18** は分子内に対称面をもつので，メソ化合物である．また，このメソ化合物は分子 **14**，**15** とジアステレオマーの関係にある．

ポイント！
接触水素化：シス付加
臭素付加：トランス付加

2. S_N1 反応と S_N2 反応

出発物の置換基が他の置換基と置き換わる反応を **置換反応**（substitution reaction）という．置換反応のうち，求核試薬が攻撃することによって進行するものを **求核置換反応**（nucleophilic substitution reaction）という．

そのなかでも，反応の律速段階が1分子的に進行する反応を**1分子求核置換反応**，略して**S_N1反応**といい，2分子的に進行する反応を**2分子求核置換反応**，略して**S_N2反応**という．

電気的にプラスになっている原子核を求める攻撃を求核攻撃といい，そのような攻撃をする試薬を求核試薬という．

S_N1 反応

分子**1**はキラル中心（不斉炭素）をもち，光学活性な分子である（図9・4）．分子**1**は求核試薬Y^-とS_N1反応によって，置換基XをYに置換する．ここで，生成物は**2**と**3**になる．**2**と**3**は互いにエナンチオマーの関係にあるので，生成物はラセミ体となり，光学不活性になる．この反応は生成物**2**と**3**が同じ量だけ生成しているので，立体選択性のない反応である．

反応はつぎのように進むと考えられる（図9・4）．

① 分子**1**から置換基XがアニオンX^-として脱離し，カチオン中間体**4**となる．このように，イオン化の過程に関与するのが1分子だけなので，"1分子反応"という．**4**の炭素はsp^2混成であり，したがってこのイオンは平面形である．

② **4**を求核試薬Y^-が攻撃する．このとき，**4**は平面形なので，Y^-は**4**の表側（A），裏側（B）どちらからでも攻撃できる．

したがって，Aの側から攻撃すれば**2**が生成し，Bの側から攻撃すれば**3**が生成する．

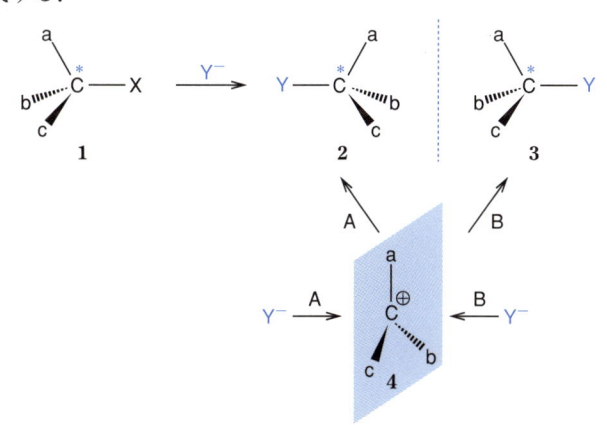

図9・4 S_N1反応

S_N2 反応

分子 **1** と求核試薬 Y^- の反応が S_N2 反応で進行するときは，生成物は **2** のみとなる（図 9・5a）．そのため，生成物は光学活性となる．この反応では，生成物として可能な **2** と **3**（図 9・4 参照）のうち，**2** のみが生成しているので，立体選択的な反応である．

S_N2 反応は，つぎのように進行する．

① **1** に対して，Y^- が置換基 X の裏側から攻撃する．

② 中間体として，炭素に X と Y が同時に弱く結合したものを経る．このように反応が X と Y の 2 分子で進行するので，"2 分子反応"という．

③ X が脱離し，Y は炭素と結合する．

このように，**1** の立体配置は反応の進行にともなって，傘が風にあおられてめくれるように反転している．これを，発見者の名前をとって**ワルデン反転**（Walden inversion）という．

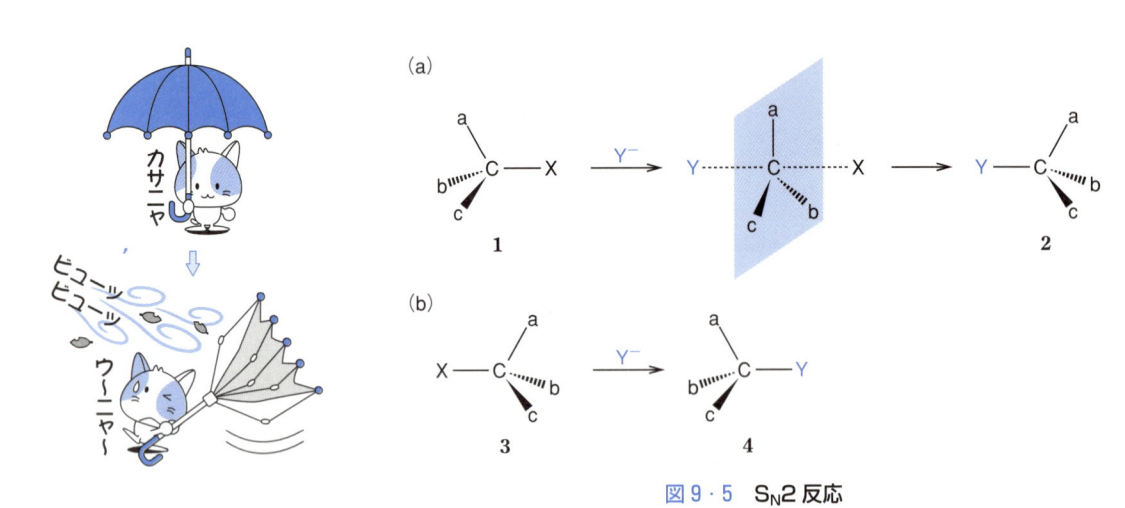

図 9・5 S_N2 反応

立体特異的反応

上記の S_N2 反応において，出発物 **1** のエナンチオマー **3** を用いると，**2** のエナンチオマーである光学活性な分子 **4** のみが生成する（図 9・5b）．このように，出発物として立体異性体を用いると，これらが特有の立体選

択的な生成物を与えるとき，これを"立体特異的反応"という．
したがって，立体特異的反応とは立体選択的反応の特別な場合ということになる．

3. 付加環化反応

二つの分子が付加によって，環状生成物を与える反応を**付加環化反応**（cycloaddition reaction）という．

ディールス-アルダー反応

ディールス-アルダー反応（Diels-Alder reaction）は，付加環化反応の代表的なものである．ディールス-アルダー反応は，共役ジエン **1** とアルケン **2** からシクロヘキセン誘導体 **3** が生成する反応である（図 9・6a）．このとき，共役ジエン **1** の両端の炭素（C_1 と C_4）とアルケン **2** の二つの炭素との間で新しい結合が形成され，環化する．

また，ディールス-アルダー反応においては，単結合に関してシスの立体配座をもつ共役ジエンでないと反応は進行しない．これは，図 9・6 (b) に示すように，共役ジエンの両端の炭素はアルケンの炭素と，シス配座では十分に接近できるが，トランス配座では遠く離れており，互いの軌道が重なりあうことができないためである．

アルケンに C=O などの電子求引基がついていると高い反応性を示す．このような分子をジエノフィル（dienophile, 親ジエン試薬）という．一方，電子求引基のないエチレン（エテン）を用いたときは反応性が低く，高温・高圧でないと反応は進行せず，生成物の収率はかなり低くなる．

立体特異的反応

ディールス-アルダー反応の大きな特徴として，出発物のアルケンの立

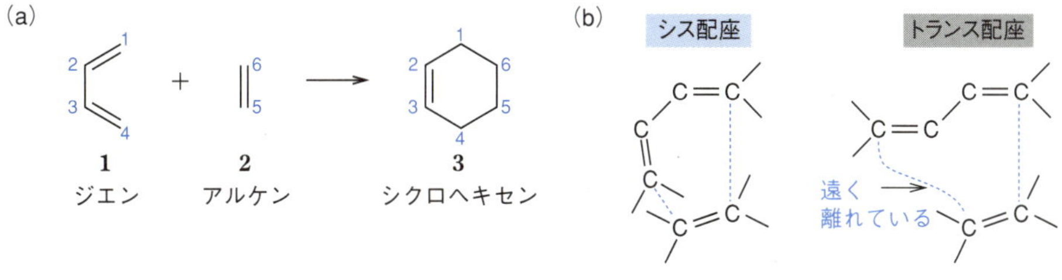

図 9・6 ディールス-アルダー反応

体配置が生成物においても保持されることである．よって，ディールス-アルダー反応は立体特異的反応であるといえる．

図9・7に示すように，シス形のマレイン酸 **4** からはシス形のシクロヘキセン誘導体 **5** が，トランス形のフマル酸 **6** からはトランス形のシクロヘキセン誘導体 **7** が生成する．

これは，ディールス-アルダー反応においては，2個の新しい C−C 結合が1段階で同時に形成されるために（図9・8b 参照），立体配置が保持されると考えられている．

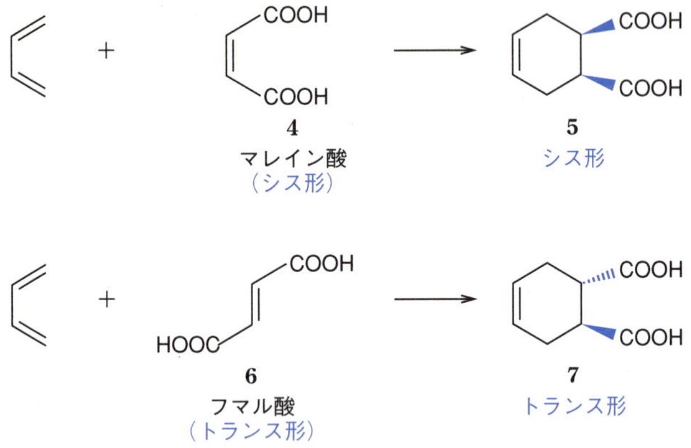

図9・7 立体特異的なディールス-アルダー反応

立体選択的反応

シクロペンタジエン **8** と無水マレイン酸 **9** とのディールス-アルダー反応では分子 **10** が生成する（図9・8a）．ところで分子 **10** には，3章で見たように酸無水物部分が屋根の下にあるエンド体（エンド-**10**）と，屋根の上にあるエキソ体（エキソ-**10**）の2種類の立体異性体が存在する．そして，立体反発が少ないエキソ体のほうがエンド体よりも安定である．ところがディールス-アルダー反応では，多くの場合にエンド体（エンド-**10**）が優先的に生成する立体選択的反応であることがわかっている．

立体選択的である理由

なぜ，不安定なエンド体のほうが優先的に生成するのだろうか？ その理由は反応の遷移状態の安定性によるものと考えられている．すなわち，生成物 **10** を与えるために出発物 **8** と **9** が重なるときに，その重なり方はエンド体とエキソ体では異なっている（図 9・8b）．

互いの p 軌道の重なり具合いを比べると，エキソ体の遷移状態（エキソ-**10**‡）では生成物における結合を形成する箇所だけで軌道が重なっている（相互作用している）．それに対して，エンド体の遷移状態（エンド-**10**‡）ではこの相互作用のほかに，結合を形成しない箇所でも"二次的な"軌道間の相互作用が起こっている．

一般に，分子は軌道が重なって，共役系が広がったほうが安定である．そのためエンド体の遷移状態のほうが安定となり，反応はこの状態を経て進行するので，エンド体が優先的に生成する．

コラムの図 1 からエンド体の遷移状態のほうがエキソ体の遷移状態より安定である（エネルギーが低い）ことがわかる．

ポイント！

ディールス-アルダー反応は付加環化反応の代表的なものであり，いろいろな立体化学がかかわる興味深い反応である．

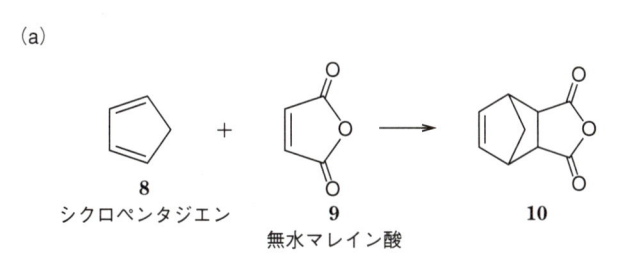

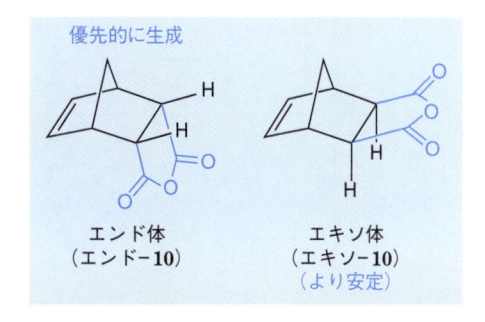

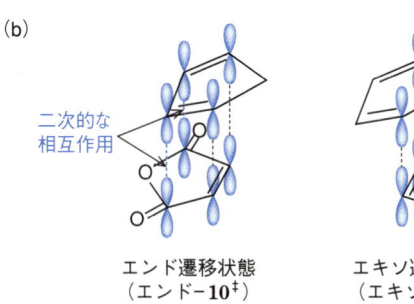

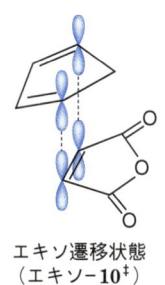

図 9・8 立体選択的なディールス-アルダー反応

ディールス-アルダー反応の物理化学的考察

図1はディールス-アルダー反応における出発物，生成物，遷移状態のエネルギー関係を示したものである．

図1からわかるように，エンド-10の遷移状態（エンド-10‡）はエネルギーが低いために，エンド-10の生成する反応は速く進行する．しかし，同じ理由で出発物にも速く戻ることができる．

このため反応の初期あるいは低温の条件下では，出発物に戻る反応は起こりにくくなるために，安定性の低いエンド-10が安定なエキソ-10よりも速く生成する．このように，反応速度によって支配される反応を"速度論支配"という．

それに対して，安定なエキソ-10ができる反応は遅いが，遷移状態のエネルギーが高いために，いったん生成すると出発物には戻りにくくなる．

反応の時間が十分に経過する，あるいは高温の条件下ではエンド-10から出発物に戻る反応が速く起こるので，この場合にはエネルギー的により安定なエキソ-10が優先的に生成する．このような反応を"熱力学支配"という．

ディールス-アルダー反応の多くの場合は，"速度論支配"が"熱力学支配"よりも有利になるので，エンド体がエキソ体よりも優先的に生成するのである．

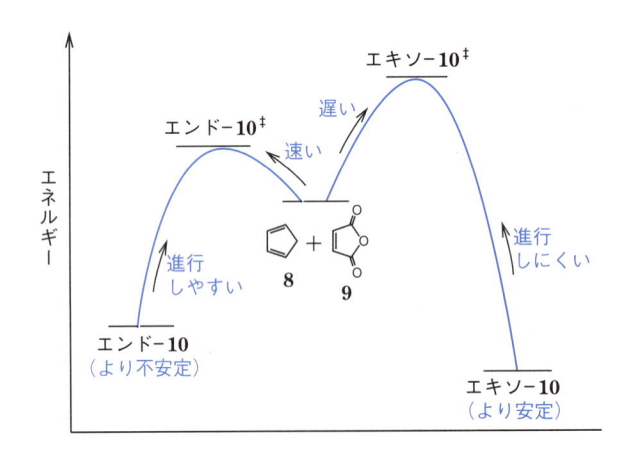

図1 ディールス-アルダー反応におけるエネルギーの関係

4. カルベンの付加反応

カルベン（carben）X–C̈–Yは，炭素に置換基が2個だけついた不安定な分子種である．カルベンには結合に関与していない電子が2個あり，この電子がどのような状態にあるかによって立体選択的に反応したり，非

立体選択的に反応したりする．

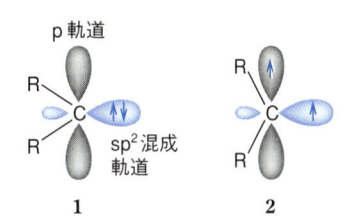

カルベンの電子状態

　カルベンの電子状態には，二つの種類がある（図9・9）．一つの軌道（sp^2 混成軌道）に 2 個の電子がスピンの向きを逆にして対をなして入った "一重項カルベン" **1** と，別の軌道（sp^2 混成軌道と p 軌道）に 1 個ずつの電子がスピンの向きを同じにして入った "三重項カルベン" **2** が存在する．

　三重項カルベンでは 2 個の電子が離れて存在するために，これらの電子どうしの反発は，2 個の電子が同じ軌道に入っている一重項カルベンの場合と比べて小さい．この結果，例外はあるが三重項カルベンが一重項カルベンよりもエネルギー的に安定となる．しかし，両者のエネルギー差は小さいので，カルベンは反応条件によって一重項として反応したり，三重項として反応したりする．

図9・9　カルベンの電子状態

R−C−R 結合角は一重項カルベンでは 100～110°であり，三重項カルベンでは 140°程度とさらに大きくなる．

図9・10　カルベンの反応．(a) 一重項，(b) 三重項

反応の立体化学

一重項カルベン **1** をシス-アルケン **3** に反応させると，シクロプロパン環が生成しシス形 **5** が生成する（図 9・10a）．同様に，**1** をトランス-アルケン **4** に反応させるとトランス形 **6** が生成する．このように，一重項カルベンの反応ではシス形からシス形が生成し，トランス形からはトランス形が生成するので，"立体特異的"な反応ということになる．

それに対して，三重項カルベン **2** をシス-アルケン **3** あるいはトランス-アルケン **4** と反応させると，いずれの場合にもトランス形 **6** を与える（図 9・10b）．このように，三重項カルベンの反応は"非立体特異的"になっている．

反応機構

カルベンの反応機構はつぎのように考えられる（図 9・11）．

一重項カルベン **1** がシス形 **3** と反応すると，シス-一重項中間体 **7** を生じる．この中間体の対になった 2 個の電子はスピンが互いに逆向きであるので，アルケンのπ結合中の電子対と容易に結合を形成することができる．すなわち，**7** はすぐに閉環してシス形 **5** を与える．また，トランス形 **4** との反応も同じである．トランス-一重項中間体 **10** はすぐに閉環してトランス形 **6** を与える．そのため，一重項カルベン **1** の反応は立体特異的である．

それに対して，三重項カルベン **2** がシス形 **3** と反応すると，シス-三重項中間体 **8** となる．この中間体の 2 個の不対電子はスピンの向きが同じであるために，そのうちの 1 個はアルケンのπ電子と結合を形成できるが，もう 1 個はスピンの向きが同じになり，それらが一つの軌道を占めることになるので，このままでは結合を形成することはできない．

そこで，結合を形成するためには片方の電子のスピンを反転させなければならない．しかし，このスピンの反転は非常に起きにくい反応であり，起こっても時間が必要になる．そのため，**8** の一部は C−C 結合の回転を起こして，トランス-三重項中間体 **9** となってしまう．三重項カルベン **2** とトランス形 **4** の反応でも同様であり，**9** の一部は **8** となる．

このため，三重項カルベン **2** の反応は非立体特異的になるのである．

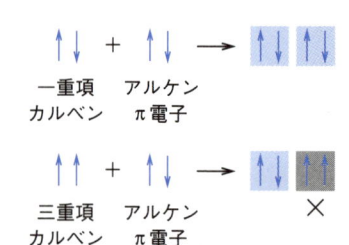

ポイント！
カルベンには一重項と三重項のものがあり，それぞれ反応の立体化学が異なる．

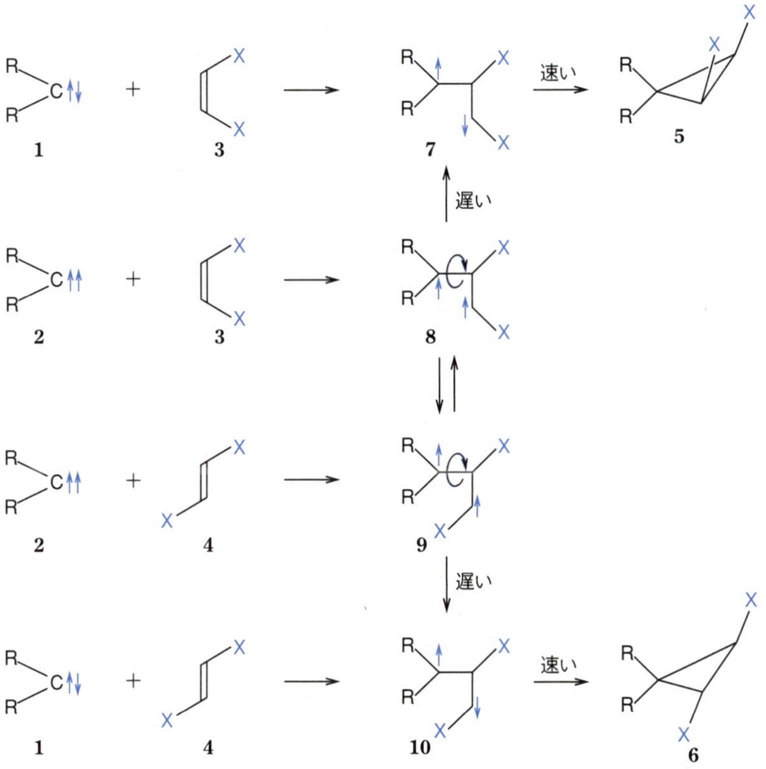

図9・11　カルベンの反応機構

5. 脱離反応の立体化学

　脱離反応 (elimination reaction) とは，大きな分子から小さな分子がはずれる（脱離する）反応である．脱離反応にも立体選択的に起こるものがある．ここでは，脱離反応の立体化学について見てみよう．

アンチ脱離とシン脱離

　出発物 **1** が脱離反応を起こして HX をはずすと，生成物としてはシス形 **2** とトランス形 **3** の両方が生成する可能性がある（図9・12）．しかし，この場合にはトランス形 **3** のほうが主生成物となる．つまり，この反応

は立体選択的な反応である．

　反応はつぎのように進むと考えられる．まず，求核試薬 Y^- が **1** の水素を攻撃し，C–H 結合の結合電子雲が C–C 結合に入り込み，それに押し出されるように置換基 Z が Z^- として脱離する．このような反応を，律速段階に関与する分子が出発物 **1** と求核試薬 Y^- の 2 分子なので **2 分子脱離反応**，略して **E2 反応**という．

　このとき，**1** の C–C 結合の回転によって重なり形配座 **1a** とねじれ形配座 **1b** の 2 種類がありうる．**1a** から起こる脱離を**シン脱離**，**1b** から起こる脱離を**アンチ脱離**という．重なり形 **1a** とねじれ形 **1b** とでは，立体反発の少ないねじれ形 **1b** が安定である．そのため，この反応はアンチ脱離で進行する．そのため，トランス形 **3** が主生成物となるのである．

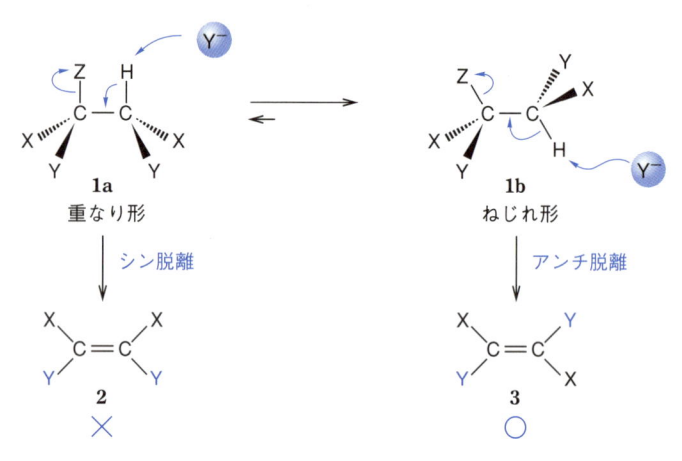

図 9・12　立体選択的な脱離反応

ザイツェフ則とホフマン則

　これは立体選択性の例ではないが，反応物の立体化学が反応の方向を決める反応なので，ここで紹介しておこう．

ザイツェフ則

　出発物 **4** から，塩基 Y^- の存在下で HX を脱離させると，どの炭素から水素をはずすかによって **5**（C_3 の水素をはずす）と **6**（C_1 の水素をはず

9. 立体選択的反応　　131

す）の 2 種類の生成物が生じる（図 9・13）．しかし，分子の安定性から考えると，二重結合のまわりに多くの置換基がついている **5** のほうが安定である．そのため，安定な **5** が主生成物となる．これを**ザイツェフ則**（Zaytzev rule）という．この法則には立体化学は関与していない．

セイチェフ（Sayzeff）則ともいう．

図 9・13　ザイツェフ則とホフマン則

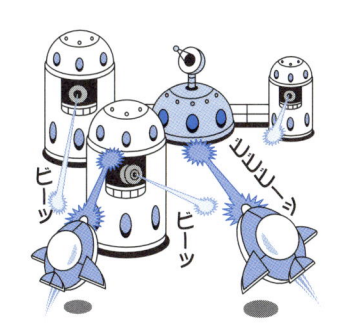

ホフマン則

ところが，塩基 Y^- として，立体的に大きなものを用いると，ザイツェフ則では不利になっているはずの **6** が主生成物となる（図 9・13）．このように，立体的に大きな塩基を用いると，ザイツェフ則に反した生成物が主生成物となることを**ホフマン則**（Hofmann rule）という．

反応はつぎのように進むと考えられる．すなわち，塩基が攻撃するのはどの水素であるかということが問題になる．塩基が小さければ C_3，C_1 どちらの炭素についている水素でも攻撃できる．しかし，塩基が大きい場合には，立体的に込みあった位置にある C_3 の水素を攻撃するのは無理にな

る．そのため，立体的に空いている C_1 の水素を攻撃し，その結果生成物は **6** となるのである．

10 不斉合成

エナンチオマーでは互いに光学的性質と生理作用が異なることはすでに見た．そのため，一方は薬として利用できるが，もう一方は薬としての作用をもたないなどの性質の違いとなって現れる．

エナンチオマーの一方だけ手に入れる方法の一つとして，すでにふれた分割がある．しかし，その操作には困難がともなう．そこで，エナンチオマーの一方だけを優先的に合成できれば，大変有用である．このような合成法を**不斉合成**（asymmetric synthesis）という．ここでは，不斉合成にはどのようなものがあるのかを，具体的に見てみよう．

分割については，5章を見てみよう．

ポイント！

不斉合成は現代の有機化学において，最も精力的に研究開発が行われている分野の一つである．

1. キラルプールの利用

キラルな分子を合成する最も簡単な方法は，キラルな分子を原料に用いることである．天然には，数多くのキラルな分子が存在する．これらのなかで，合成の出発物として有用なものの集合を**キラルプール**（chiral pool）という．

キラルプールを利用した方法では，アミノ酸，糖，植物成分や微生物が生産する物質など，容易に入手できるキラルな分子を用いて，そのキラル中心を含む部分構造が目的とする生成物に組込まれる．

キラルプールを利用した不斉合成

図10・1に，キラルプールを用いた不斉合成の流れを示した．ここでは，

134 IV. 有機反応と立体化学

反応のなかには，S_N1 反応のように立体配置を失う反応もあるので，そのような反応を用いるわけにはいかない．また，S_N2 反応のように，立体配置を逆転させる反応もあるので注意を要する．

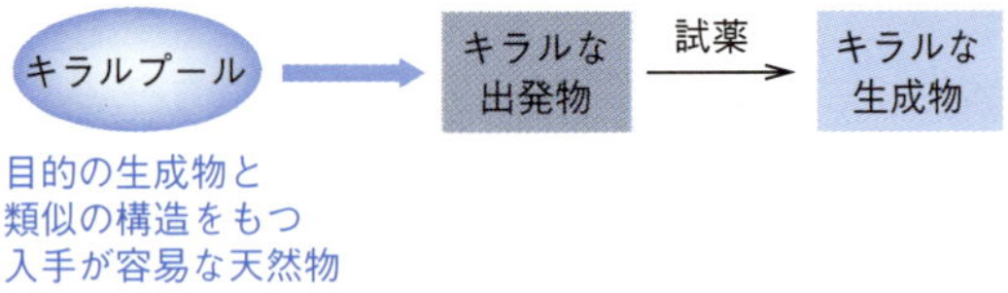

キラルな出発物を試薬と反応させて，元の立体化学を保持したキラルな生成物が得られる．

図 10・1 キラルプールを利用した不斉合成の流れ

具体的に見てみよう

ここでは，いくつかの例を見ていこう．

A. アンピシリンの合成

アンピシリン **4** は気管支などの感染症に効果のある医薬品であるが，その構造は図 10・2 に見るように複雑である．しかし，その合成は簡単である．なぜならば，天然に存在するほとんど同じような構造の分子を出発物として用いることができるからである．

すなわち，天然に存在する抗生物質であるペニシリン G **1** を加水分解して **2** とし，それにフェニルグリシン **3** を作用させるとアンピシリン **4** が得られる．

> 抗生物質は感染症の原因となる細菌などの微生物の成育を阻止したり，殺したりする医薬品である．ペニシリンには細菌の細胞壁の合成を阻害する作用がある．ペニシリンはアオカビから発見され，世界初の抗生物質として利用された．

B. ヘリオトリジンの合成

(+)-ヘリオトリジン **12** は植物に含まれる成分であり，図 10・3 のよ

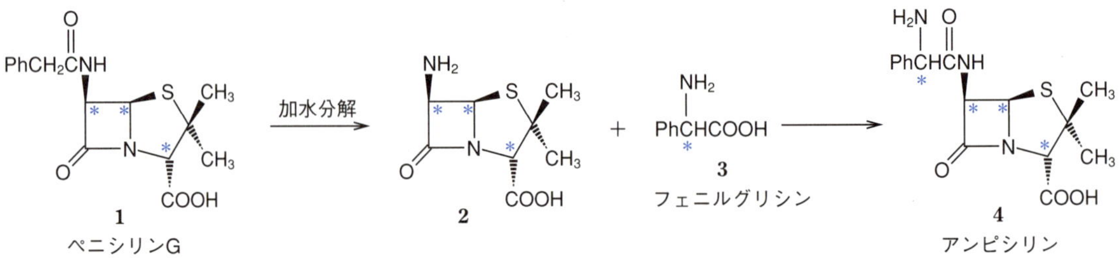

図 10・2 ペニシリン G をキラルプールとしたアンピシリンの合成

うな構造をもつ．この分子の合成は，天然に多量に存在するキラルな分子である (S)-リンゴ酸 5 を原料とする．そして，リンゴ酸 5 にアミド化を行い，脱水して閉環させると容易に 6 を生成する．6 に 1,3-ジチアン誘導体 7 を反応させると 8 が生成し，8 のカルボニル基を還元すると 9 になる．9 は容易に脱水してエナミン 10 になる．

ここで，環化が起こるときに，立体的に大きな 1,3-ジチエニル基がアセチル基 COCH$_3$(Ac) と衝突することを避けるため，1,3-ジチエニル基部分はアセチル基と反対側，すなわち分子面の上側から攻撃することになる．そのため，橋頭位の水素がアセチル基と同じ側にきた 11 が生成する．11 から (+)-ヘリオトリジン 12 への誘導は普通の反応によって可能である．

結果として，ここではリンゴ酸のキラル中心を含む構造が生成物に組込まれているのがわかるだろう．

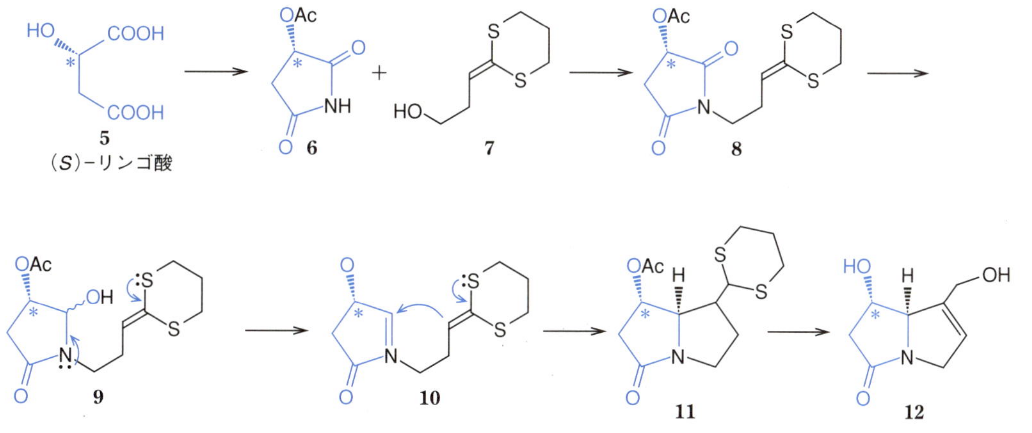

リンゴ酸は植物に広く分布し，リンゴやブドウの果実に多量に含まれる．

11 の O−COCH$_3$(OAc) を加水分解してヒドロキシ基 −OH とし，チオアセタール部分 $\left(-\!\!<^{SR}_{SR}\right)$ を加水分解してヒドロキシ基にする．

図 10・3 リンゴ酸をキラルプールとしたヘリオトリジンの合成

2. キラル補助剤の利用

アキラルな（より正確にはプロキラルな）分子を，キラルな分子に変換してから不斉反応を行わせる方法がある．そのための試薬を**キラル補助剤** (chiral auxiliary) という．

アキラルな分子であるが，置換反応や付加反応によって分子の 1 箇所を変えるとキラルになるものを**プロキラル** (prochiral) という．四面体形分子や平面三角形分子（C=O, C=C 構造）の中心原子はプロキラルを生じる構造単位となる．

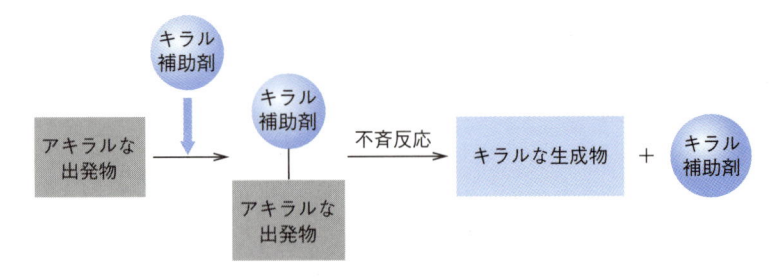

図 10・4 キラル補助剤を用いた不斉合成の流れ

キラル補助剤を利用した不斉合成

キラル補助剤を利用した不斉合成の流れを図 10・4 に示した.まず,アキラルな出発物にキラル補助剤を結合させる.さらに,この状態で不斉反応を行うと,出発物の部分に新たなキラル中心が生じた二つのエナンチオマーが生じる.このとき,一方のエナンチオマーが他方よりも優先的に生成する.そして,最後にこれらを再結晶などの方法を利用して分離し,加水分解などでキラル補助剤を除去すれば,キラルな生成物(エナンチオマーの一方)が得られる.

最終段階で除去された補助剤は,元の形のまま回収されるので,繰返し使用が可能である.

不斉アルキル化反応の例

アキラルな出発物 1 にキラル補助剤 2 を結合させると,キラルな分子 3 になる(図 10・5).これにアルキル化剤として有機リチウム化合物を作用させると,リチウムが配位してエノール中間体 4 となる.

ここで,4 にアルキルアニオンが攻撃するときに,補助剤部分のイソプロピル基 $-CH(CH_3)_2$ の存在が問題になる.すなわち,アルキル基は立体的にかさばったイソプロピル基との衝突を避けるため,分子面の上側から攻撃する.そのため,主生成物は 5 となる.5 を適当な方法で加水分解すれば,最終的にキラルな生成物 6 が得られ,キラル補助剤 2 は元の形のまま回収される.

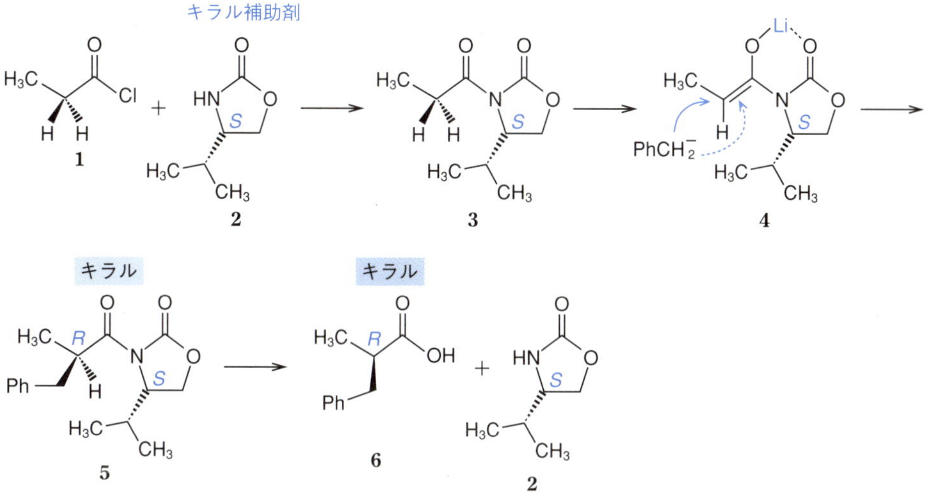

図 10・5　キラル補助剤を用いた不斉アルキル化反応

不斉オキシコープ反応の例

　コープ反応というのは，**8** のように二つの二重結合が単結合で結ばれたブタジエン誘導体の系において，矢印のような電子移動が起こり，1-1 位の結合が切れ 3-3 位に新たな結合ができて，**9** になる転移反応のことをいう（図 10・6）．**8** のように，系に酸素が含まれるとき，特にオキシコープ（oxy-Cope）反応という．**7** に対して普通の条件でオキシコープ反応を行ったら，二つの置換基 R_1，R_2 の相対位置には何の規則性もなくなり，4 種類の異性体の混合物となる．

　しかし，キラルなボラン **11** を用いると，反応はキラルなエノール中間体 **9** を経由して進行することになり，最終的にキラルな生成物 **10** が生成する．キラルなボランは反応が終了すると，元の形のまま回収される．

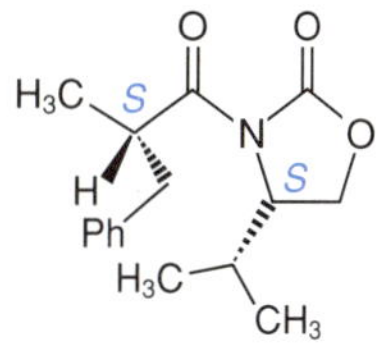

3. キラル触媒の利用

　キラル補助剤を用いた方法では，それを除去する反応など，いくつかの段階を経る必要があり，決して効率が良いとはいえない．さらに，キラル補助剤は出発物に相当する多くの量が必要となる．それに比べて**キラル触**

図 10・5 では主生成物である **5** のほかに，以下の少量の副生成物が生成する．

図 10・6　**不斉オキシコープ反応**．ee：エナンチオマー過剰率

触媒とは化学反応を速く進行させ，自分自身は反応によって変化しない物質のことをいう．触媒は出発物に作用して，遷移状態のエネルギーを低下させ，活性化エネルギーを小さくして，反応を進行しやすくする．

媒（chiral catalyst）を利用した方法は，加えるだけで効率の良い反応の場を生み出し，しかも少量ですむので，現在さまざまなキラル触媒の開発が進んでいる．

キラル触媒を利用した不斉合成

キラル触媒を用いた反応の流れを図 10・7 に示した．アキラルな出発物に，キラル触媒を同時に加えると不斉反応が進行し，キラルな生成物が得られる．キラル触媒は反応の最後に元の形のままに回収され，系内にとどまったまま，繰返し使用される．したがって，触媒は通常，出発物に対してきわめて少量で十分である．

キラル補助剤は出発物と共有結合で結びつくが，キラル触媒の場合には一般に分子間力程度の弱い力で結合する．

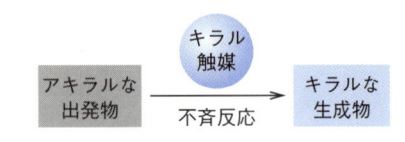

図 10・7　**キラル触媒を利用した不斉合成の流れ**

不斉水素化

ここでは，ロジウム触媒を用いた C=C 結合の水素化（還元）について見てみよう．出発物 **1** の二重結合を接触水素化して生成物 **5** にする反応である（図 10・8）．**1** はアキラルな分子であるが，生成物 **5** はキラルである．このようにアキラルな分子の不斉反応に対して，キラル触媒 **2** を用いるのである．

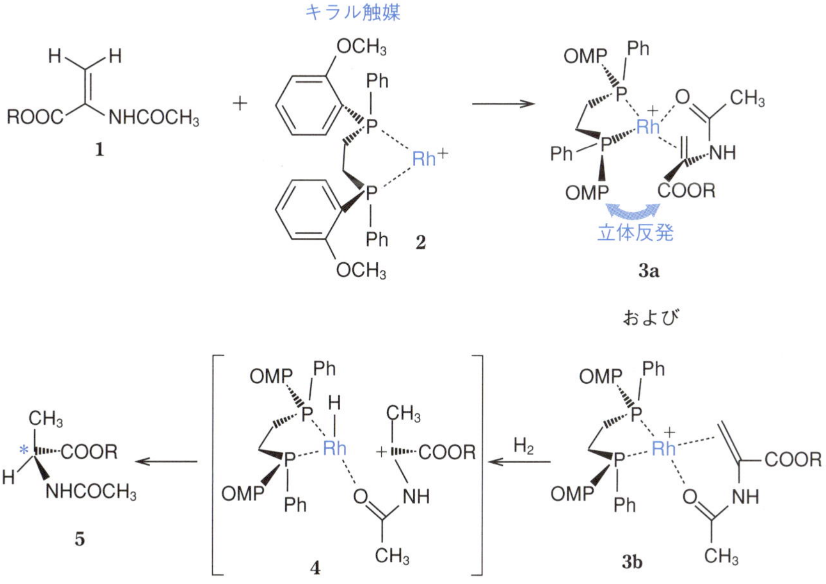

図 10・8 キラル触媒を用いた不斉水素化反応．OMP：o-メトキシフェニル

1 と **2** を混ぜると，ロジウム Rh に配位した錯体 **3** が生成する．**3** には配位の立体配置が異なる **3a** と **3b** が生じる可能性がある．しかし，**3a** では触媒の o-メトキシフェニル基（OMP）と出発物のエステル基（COOR）の間の立体反発があり，高エネルギー状態で不安定である．そのため，立体反発のない **3b** が主生成物となる．これに水素を反応させれば中間体 **4** となり，最終的にキラルな生成物 **5** が得られる．ロジウム触媒は回収され，繰返し利用できる．

不斉酸化（不斉ジヒドロキシ化）

ここでは，アルケンのジヒドロキシ化について見てみよう．四酸化オスミウム OsO_4 は二重結合を酸化し，二重結合を構成するそれぞれの炭素にヒドロキシ基を導入する試薬である（図10・9）．反応はシス付加で起こり，2個のヒドロキシ基は分子面の同じ側に導入される．すなわち，出発物 **6** を酸化すると，1,2-ジオール **7** と **8** の混合物が得られる．

しかし，四酸化オスミウムと同時にキラル触媒 **9** を加えて反応を行うと，ほぼ純粋な **7** が得られる．キラル触媒 **9** のエナンチオマーである **10** を用いれば，**7** と反対の立体配置をもつ **8** が得られる．ここでも，**9**, **10** のキラル触媒は繰返し利用できる．

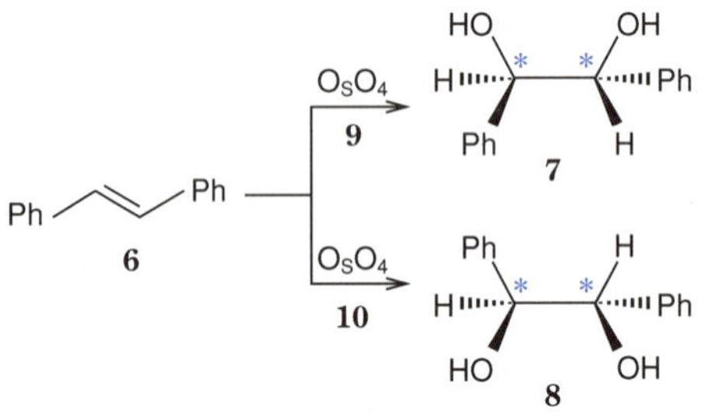

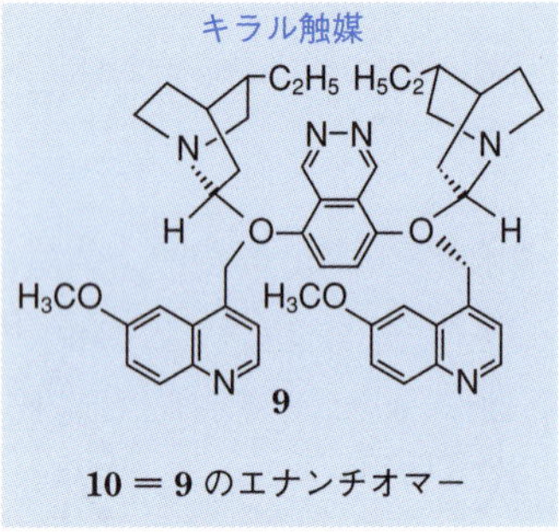

図10・9 キラル触媒を用いた不斉ジヒドロキシ化反応

4．キラル試薬の利用

アキラルな出発物と反応させると，ただちにキラルな生成物を与える分子が**キラル試薬**（chiral reagent）である．この方法による不斉合成は便利ではあるが，それほど例が多いわけでもなく，今後の開発が待たれるところである．

キラル反応剤ともいう．
キラル試薬はキラル触媒とは異なり，反応の進行とともに消費されるので，出発物と等モルあるいはそれ以上の量が必要となる．

キラル試薬を利用した不斉合成

キラル試薬を用いた反応の流れを図10・10に示した．反応は簡単なも

のであり，アキラルな出発物にキラル試薬を反応させるとキラルな生成物が生じる．

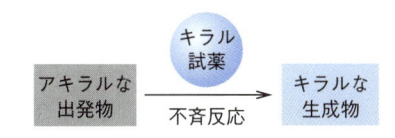

図 10・10　キラル試薬を利用した不斉合成の流れ

触媒的不斉合成

キラル触媒を用いる不斉反応は多くの可能性を秘め，研究開発が精力的に推し進められている．この分野の研究開発に大きな業績を残したとして，野依良治氏およびノールズ氏が「キラル触媒による不斉水素化反応の研究」，シャープレス氏が「キラル触媒による不斉酸化反応の研究」によって，2001年度ノーベル化学賞を受賞している．わが国では前年度の白川英樹氏に続く快挙となった．

野依氏の大きな成果の一つに，BINAP（バイナップ）を配位子とするキラル触媒の研究開発がある（図1）．このようなキラル触媒の誕生により，非常に高い選択性をもつ不斉合成が可能となり，しかもキラル触媒1分子から数十万の光学活性分子をつくることができるようになった．

BINAPを用いた不斉合成は工業的規模でも大きな成果をもたらしている．すでに見たメントールは天然ハッカの主成分であるが，8個の異性体のうち，(−)-メントール（図8・1参照）だけが清涼感をもつ香味を与える．そのため，ガム，歯みがきなどに広く利用されている．現在では，この(−)-メントールの大規模な工業化がBINAPを配位子とした金属錯体を用いた不斉合成によって実現している．

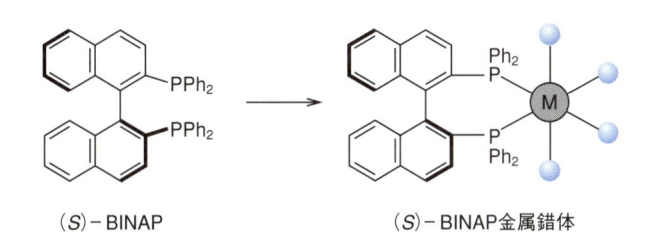

(S)-BINAP　　(S)-BINAP金属錯体

図1　BINAPを配位子とするキラル触媒．Mにはロジウム Rh やルテニウム Ru などの金属イオンが入り，●の部分で反応が進行する．

不斉還元

ここでは，ホウ素化合物をキラル試薬として用いた不斉還元を見てみよう．カルボニル化合物 **1** を還元すると，アルコール誘導体 **2** が生成する（図 10・11）．**2** はキラル中心をもつので，一組のエナンチオマー **2a** と **2b** が存在する．ここで，普通のホウ素化合物を用いた場合には，生成物はラセミ体となる．

しかし，キラルなホウ素化合物 **3** を用いて還元を行うと，エナンチオマーの一方の **2a** だけが生成する．このとき，キラルなホウ素化合物はキラル試薬として作用している．

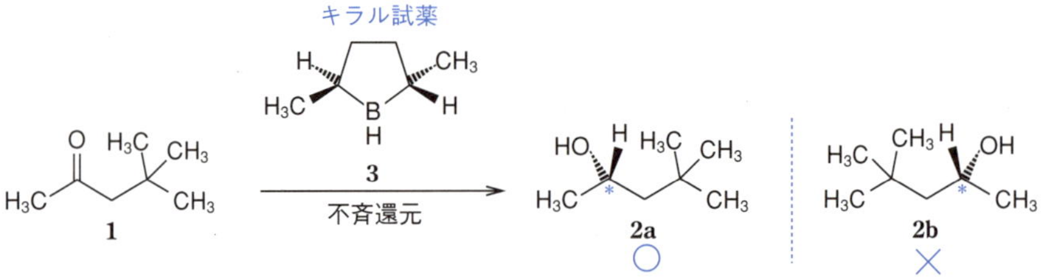

図 10・11　キラル試薬を用いた不斉還元反応

不斉アルキル化

ここでは，ホウ素化合物をキラル試薬として用いたアルキル化を見てみよう．グリニャール反応はカルボニル化合物にアルキル基を導入し，アルコールに変える反応である．出発物 **4** にグリニャール試薬 **5** を反応させると，アルコール誘導体 **6** となる（図 10・12a）．ここで，**6** はキラル中心をもつので，一組のエナンチオマー **6a** と **6b** が存在する．これらは等しい量で生成するので，ラセミ体になる．

一方，キラルな有機ホウ素化合物 **7** にグリニャール試薬 **5** を反応させると，有機ホウ素化合物 **8** が生成する（図 10・12b）．さらに，**8** をカルボニル化合物 **4** に反応させると，エナンチオマーの片方である **6a** だけが高い純度で得られる．ここで，有機ホウ素化合物 **8** はキラル試薬として作用している．

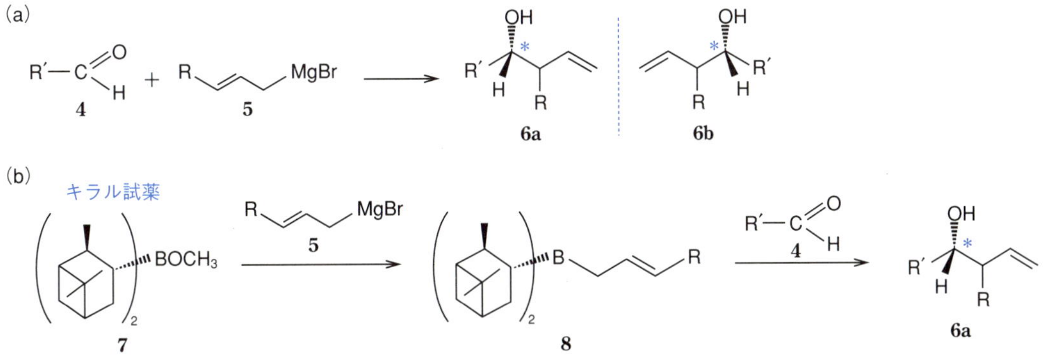

図 10・12 キラル試薬を用いた不斉アルキル化反応

索　　引

あ

アキシアル　57, 59, 60, 61
アキラル　68, 69, 97
アズレン　30
アセチレン　16
　——の構造　17
アセト酢酸エチルエステル　32
アセトン　31, 32
アトロプ異性　99
アミン　104
R/S 表示　88
アルカン
　——の異性体数　26
アルキン
　——の接触水素化　118
アルケン　123
　——の臭素付加　119, 120
　——の接触水素化　118, 119
アルコール　28, 29
アルデヒド　29
アレン　98
　——の結合状態　19
アンチ形配座　44, 45, 47, 51
アンチ脱離　130
アンチ付加　117
アンピシリン
　——の合成　134

い

イオン結合　6
異常分散曲線　111
いす形配座　56, 59, 60
異性体　23
　——の分類　27
　　位置——　27, 28, 48

エンド-エキソ——　66
回転——　39
官能基——　27, 29
幾何——　48
鏡像——　27, 68
結合——　33
光学——　68
構造——　27, 48
互変——　31
シス-トランス——　27, 47, 48, 61
シン-アンチ——　50, 51
炭化水素の——　25
配座——　27, 38
立体——　27, 37, 105, 106
立体配座——　27, 37, 38
立体配置——　27, 37, 48, 67
E/Z 表示　92
イソオキサゾール　31
イソチオシアン酸エステル　29, 30
イソニトリル　29
E 体　93
位置異性体　27, 28, 48
　芳香族化合物の——　29
一重項カルベン　127, 128
一置換シクロヘキサン　60
1分子求核置換反応　121
E2 反応　130
イミダゾール　31

え，お

エキソ　65, 66, 124, 125, 126
エクアトリアル　57, 59, 60, 61
S_N2 反応　121, 122
S_N1 反応　121
s 軌道　5
sp 混成軌道　10, 11, 16, 17
sp^3 混成軌道　10, 12, 14
sp^2 混成軌道　10, 14, 15, 49, 50
エタン　13, 25, 43

　——の配座異性体　39, 41
エチレン　14, 16, 20, 21
　——の構造　15
エチン→エチレン
X 線結晶構造解析　85
エーテル　29
エテン　14
エナンチオ異性体→エナンチオマー
エナンチオマー　27, 66, 67, 68, 83,
　　　　　　　　105, 109, 119, 120, 133
エナンチオマー過剰率　74
n 回回転軸　95
エネルギー
　エタンの配座異性体の——　41
　混成軌道の——　11
　電子殻と軌道の——　4
　ブタンの配座異性体の——　46
　立体配座と——　57
エノール形　31, 32
エリトロ形　107, 109
エリトロース　108
エンド　65, 66, 124, 125, 126
エンド-エキソ異性体　66
円二色性　111
ORD スペクトル　110, 112
オキサゾール　31
オクタント則　112, 113
オルト　29

か

回映対称　96, 97
回折斑点　85, 86
回転異性体　39
回転軸　97
回転障壁　42
回転対称　95, 97
架　橋
　——された環状分子　64

索引

核異性　30
重なり形配座　39, 44, 45, 46, 55, 58, 130
カルベン　126
環異性　31
環状分子
　　——の構造異性体　30
　　——の立体異性　53
　　架橋された——　64
官能基　24
官能基異性体　27, 29
環の反転
　　いす形配座の——　56, 57

き, く

幾何異性体　48
軌道　4
軌道間相互作用　43
木びき台表示　40, 41
基本骨格　23, 24
求核置換反応　120
鏡映対称　96
鏡映面　96
鏡像異性体　27, 68
共役ジエン　123
共役二重結合　8, 20, 21
共有結合　7, 8
キラリティー　68
キラル　68, 69, 97
　　分子の対称性と——　95
キラル軸　97, 98, 101
キラル試薬　140, 141
キラル触媒　137, 138, 141
キラル中心　69, 83, 84, 88, 97, 121
　　炭素原子以外の——　103
　　複数の——　105
キラル反応剤　140
キラルプール　133, 134
キラル補助剤　135, 136
キラルボラン　137
キラル面　97, 100

クムレン　19, 98
グリセルアルデヒド　86, 87
　　——の R/S 表示　91
グリセロール酸　87
クリナル　47
グリニャール試薬　142
グルタミン酸　74

クロマトグラフィー　78
クーロン力　6, 7

け, こ

結合
　　——の種類　7
結合異性体　33
結合エネルギー　9
結合角　8
結合角ひずみ　54, 55
結合長　8, 9
ケト-エノール互変異性　31, 32
ケト形　31, 32
ケトン　29
原子
　　——の構造　3
原子核　3
光学異性体　68
光学活性　71
光学的性質
　　エナンチオマーの——　70
光学分割　77
酵素　78
構造異性体　27, 48
ゴーシュ形配座　44, 45, 46
骨格異性体　27, 30
コットン効果　111
　　——による立体構造の推定　112
互変異性体　31
コレステロール　64
混成軌道　10
コンホマー　38
コンホメーション　37

さ, し

再結晶　77
ザイツェフ則　131
鎖形異性　27
サリドマイド　75
三重結合　8, 14, 17
三重項カルベン　127, 128
CIP 法　88
ジアキシアル相互作用　60, 62
ジアステレオ異性体→ジアステレオマー

ジアステレオマー　27, 77, 106, 109, 120
ジアゾ化合物　51
軸性キラリティー　98
σ 結合　8, 14, 15
シクロアルカン
　　——の構造　53
シクロファン　100
シクロブタン
　　——の構造　55
シクロプロパン
　　——の結合状態　18
　　——の構造　54
シクロヘキサン
　　——の立体配座　56
　　いす形——の立体的な環境　59
シクロヘキセン　123
シクロペンタジエン　124, 125
シクロペンタン
　　——の構造　55
四酸化オスミウム　140
シス形　48, 49, 52, 61, 63, 124, 128
シス-トランス異性体　27, 47, 48, 61
シス付加　117, 119
CD スペクトル　111, 112
四面体形分子　39, 40
重原子法　86
酒石酸　77, 106, 107
受容体　76
シン　47, 51
シン-アンチ異性体　50, 51
シン脱離　130
シン付加　117

す～そ

ステロイド　63
ステロイド骨格　64
スピラン→スピロ化合物
スピロ化合物　98, 99
スピン　5, 127, 128
スルホキシド　104

正四面体形分子　12, 13
セイチェフ則→ザイツェフ則
静電引力　6, 7, 8
生理作用
　　エナンチオマーの——　74, 76
接触還元→接触水素化
接触水素化　117

索引

絶対配置 83, 84, 87, 88
Z 体 93
旋 光 71
旋光度 71, 83, 84, 87, 110
旋光分散 110

相対配置 83, 87
速度論支配 126

た 行

対称性
　　分子の―― 95
対称操作 95
対称点 96
対称面 69, 70, 96, 97
第四級アンモニウムイオン 103
多環状分子
　　――の立体異性 62
脱離反応 129
炭化水素 12
　　――の異性体 25
単結合 12, 14
　　――の回転 37
単純分散曲線 110
炭素骨格 23, 24

チオシアン酸エステル 29
置換基 24
置換反応 120
窒　素
　　――を含む二重結合 49
直線形分子 17

D/L 表示法 87
ディールス-アルダー反応 123, 124, 125
　　――の物理化学的考察 126
デカリン 62, 63
電 子 3
電子雲 3
電子殻 4
電子配置 5, 6
電子密度図 85

トランス形 48, 49, 52, 61, 63, 64, 124, 128, 130
トランス付加 117, 119, 120
トレオ形 108, 109
トレオース 108

な 行

ナフタレン 30

二重結合 8, 14, 16
　　――の回転 52
　　窒素を含む―― 49
二置換シクロヘキサン 61
ニトリル 29
2分子求核置換反応 121
2分子脱離反応 130
二面角 41
乳 酸
　　――の旋光度 72
ニューマン投影式 19, 40, 41, 56, 58, 108

ねじれ角 41
ねじれ角規約 47
ねじれ形配座 39, 44, 45, 46, 56, 57, 58, 130
ねじれひずみ 42, 43, 44, 46, 54, 55, 58

熱力学支配 126

は，ひ

π結合 8, 15, 16, 21, 52
配座異性体 27, 38
BINAP（バイナップ） 141
パ ラ 29
半いす形配座 55, 57, 58
反転対称 96
光異性化
　　レチナールの―― 52
p軌道 5
非共有電子対 6, 49, 50
ビシクロ化合物 65, 66
ひずみ
　　――と立体配座の関係 46
比旋光度 72, 73, 110
ビフェニル 99
ピラゾール 31

ふ

フィッシャー投影式 86, 91, 107, 109
封筒形配座 55
フェノール 32
付加環化反応 123
付加反応 117
　　カルベンの―― 126
不斉アルキル化反応 136, 137, 142, 143
不斉オキシコープ反応 137, 138
不斉還元反応 142
不斉合成 79, 133
　　触媒的―― 141
不斉酸化反応 140
不斉ジヒドロキシ化反応 140
不斉水素化反応 139
不斉炭素 68, 69, 83, 84, 97, 105, 121
ブタジエン
　　――の結合状態 20
ブタン
　　――の配座異性体 44, 45, 46
不対電子 6
プッシュ-プルアルケン 52
2-ブテン 48, 49, 52
舟形配座 58
不飽和結合 8, 14
不飽和炭化水素 14
フマル酸 48, 49, 124
プロキラル 135
プロパン 25
プロペラ分子 102
分 割 77
分子軌道 7, 8
分子旋光度 110

へ，ほ

平面形分子 16, 50
平面偏光 71
ヘテロ原子 31
ペニシリンG 134
ヘリオトリジン
　　――の合成 135
ヘリシティー 101
ヘリセン 101, 102
ペリプラナー 47

偏 光 70
偏光面 71
ベンゼン 100
　　――の結合状態 21

芳香族化合物 22
　　――の位置異性体 29
飽和結合 8, 12
飽和炭化水素 12
ホスフィン 103
ホスホキシド 103
ホフマン則 131
ボラン 137

ま 行

マレイン酸 48, 49, 124

無水マレイン酸 124, 125

メソ化合物 107, 119, 120
メタ 29
メタン 25
　　――の構造 12, 13

3-メチルシクロヘキサノン 112, 113
メチルシクロヘキサン 60
メチルラジカル 13
面性キラリティー 100
メントール 84, 105, 141

ゆ

有機ホウ素化合物
　　キラルな―― 142
有機立体化学 3

ら 行

ラセミ体 73, 120, 121
らせん構造 101, 102

立体異性体 27
　　――の分類 37
　　メントールの―― 105, 106
立体構造
　　――の表示法 39, 40

立体選択的反応 117, 118, 122, 124, 130
立体中心 69
立体特異的反応 117, 123, 124, 128
立体配座 37, 38
　　――とひずみの関係 46
　　――の表示法 40, 41
　　――の命名法 47
立体配座異性体 27, 37, 38
立体配置 37, 38
立体配置異性体 27, 37, 48, 67
立体ひずみ 44, 46, 54, 58, 60
リモネン 84
リンゴ酸 135

累積二重結合 19, 98

レチナール 52

ロジウム触媒 139

わ

ワルデン反転 122

齋藤　勝裕
- 1945 年　新潟県に生まれる
- 1969 年　東北大学理学部 卒
- 1974 年　東北大学大学院理学研究科博士課程 修了
- 現　名古屋工業大学大学院工学研究科　教授
- 専攻　有機物理化学, 超分子化学
- 理学博士

奥山　恵美
- 1952 年　山形県に生まれる
- 1975 年　千葉大学薬学部 卒
- 現　城西国際大学薬学部　教授
- 専攻　生薬学, 活性天然物化学
- 薬学博士

第 1 版 第 1 刷 2008 年 10 月 24 日 発行

わかる有機化学シリーズ 5
有 機 立 体 化 学

Ⓒ 2008

著　者	齋　藤　勝　裕
	奥　山　恵　美
発行者	小　澤　美奈子
発　行	株式会社 東京化学同人

東京都文京区千石 3 丁目 36-7（〒112-0011）
電話 03-3946-5311・FAX 03-3946-5316
URL：http://www.tkd-pbl.com/

印　刷　ショウワドウ・イープレス㈱
製　本　株式会社 松岳社

ISBN978-4-8079-1492-0
Printed in Japan

わかる有機化学シリーズ

1 有機構造論 　　　　　　齋藤勝裕 著

2 有機反応論 　　　　　　齋藤勝裕 著

3 有機スペクトル解析 　　　齋藤勝裕 著

4 有機合成化学 　　　　　齋藤勝裕・宮本美子 著

5 有機立体化学 　　　　　齋藤勝裕・奥山恵美 著